高技能人才培训系列教材

化工单元操作

杨 青 何鸿武 徐 靓 主编

黄 玫 主审

U0205621

西南交通大学出版社

·成 都·

图书在版编目（ＣＩＰ）数据

化工单元操作／杨青，何鸿武，徐靓主编. —成都：
西南交通大学出版社，2017.1（2023.8 重印）
ISBN 978-7-5643-5211-0

Ⅰ. ①化… Ⅱ. ①杨… ②何… ③徐… Ⅲ.①化工单
元操作 – 高等职业教育 – 教材 Ⅳ. ①TQ02

中国版本图书馆 CIP 数据核字（2016）第 322559 号

化工单元操作

杨青　何鸿武　徐靓　主编

责 任 编 辑	牛　君	
特 邀 编 辑	姚自然	
封 面 设 计	何东琳设计工作室	
出 版 发 行	西南交通大学出版社 （四川省成都市二环路北一段 111 号 西南交通大学创新大厦 21 楼）	
发 行 部 电 话	028-87600564　028-87600533	
邮 政 编 码	610031	
网　　　　址	http://www.xnjdcbs.com	
印　　　　刷	成都中永印务有限责任公司	
成 品 尺 寸	185 mm × 260 mm	
印　　　　张	12.75	
字　　　　数	319 千	
版　　　　次	2017 年 1 月第 1 版	
印　　　　次	2023 年 8 月第 3 次	
书　　　　号	ISBN 978-7-5643-5211-0	
定　　　　价	36.00 元	

前言

为满足高技能人才基地建设要求，也为更好地适应职业技术学校化工工艺专业的教学需求和企业的用人要求，编者组织我校工艺教研室专业教师，编写了这本《化工单元操作》专业教材。

本教材是由教学经验丰富、专业基础扎实的中青年教师根据当代学生特点，结合教学中摸索出的有效方法编写而成。

本教材的特点是按照目前较新的任务驱动模式，合理组织教学内容，以任务引领教学，在完成项目任务过程中，实现理论、实践一体化和多学科知识一体化。基于化工单元操作技术开发过程，设计教学任务，以企业实际生产为载体，基于实际工作过程实施教学，课程强调"为任务工作而学习"和"通过任务工作来学习"。

为适应高级工培养方案，本书理论知识通过任务引出，增强了知识的趣味性，实作内容包括各单元操作的开车、正常运行、停车等各项操作任务及各单元操作的仿真训练。本教材主要内容分为八个模块，包括模块一流体流动与输送，模块二非均相物系的机械分离，模块三传热，模块四蒸发，模块五吸收-解吸，模块六精馏，模块七干燥，模块八萃取。其中模块一由杨青编写，模块二由何燕编写，模块三由雷万富编写，模块四由周林平编写，模块五由徐靓编写，模块六由何鸿武编写，模块七由彭仕忠编写，模块八由刘兴龙编写。参加本教材审稿及帮助指导工作的还有企业专家罗小容高级工程师，四川工商职业技术学院朱克永教授。全书由杨青统稿，黄玫审稿。在此，向对本教材的编写提供帮助和指导的学校领导、企业专家表示衷心的感谢！

本书所做的仅仅是初步探索，还存在诸多不妥之处，有待商榷，敬请各界专家批评指正。

编者

2016 年 7 月

目录

绪　论

一、课程性质与作用

课程性质："化工单元操作"是针对化工产品工艺流程相关人员而设置的课程。这些人员包括生产操作工、分析检验人员、设备维护员、生产管理员等，为其提供从事工艺制订与实施、原辅材料预处理、产品提取等典型工作所需具备的设备操作、调试、检修、维护等基本技能。

课程的作用："化工单元操作"课程以单元操作为内容，通过讲解典型设备的结构揭示各个物理加工过程的基本规律，阐述过程操作和调节原理等。本课程是在物理、物理化学等课程的基础上开设的一门基础技术课程，它在基础课和专业课之间起着承前启后、由理及工的作用。其主要任务是使学生掌握化工单元操作的基本原理、典型设备构造，培养学生分析问题和解决问题的能力。

二、化工生产过程的基本步骤

从化工产品的生产过程可以看出，每个化工过程基本都包括原料的预处理、化学反应、反应产物后处理这三个基本步骤（图 0-1）。

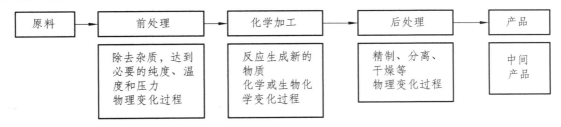

图 0-1　化工生产过程的基本步骤

三、化工单元操作

化工生产过程的前、后处理操作仅发生物理变化，称为单元操作。

1. 单元操作的分类

（1）单元操作按操作目的可分为以下几类：

① 流体的输送；

② 物料的混合；

③ 物料的加热或冷却；

④ 非均相混合物的分离；

⑤ 均相混合物的分离。

（2）从物理本质上，单元操作又分为下列三种传递过程（三传）：

① 动量传递过程：如流体的输送、沉降、过滤、搅拌及固体的流态化等。

② 热量传递过程：如热交换、蒸发等。

③ 质量传递过程：如液体的蒸馏、气体的吸收、固体的干燥及结晶等。

2．单元操作的特点

（1）单元操作都是纯物理性操作，这些操作只改变物料的状态或物理性质，并不改变物料的化学性质。

（2）单元操作是化工生产过程中共有的操作。单元操作广泛应用于石油、化工、轻工、冶金、动力及原子能等行业。

（3）某单元操作作用于不同的化工生产过程时，其遵循的原理是相同的，进行该操作的设备也是相似的、通用的。

同一单元操作在不同的化工生产过程中有以上共性，但也有其各自的特性，比如各自的工艺条件、操作指标等是完全不同的；就是同一单元操作，所用设备的形式、结构也是各种各样的。化工单元操作只是讨论其共性，常见化工生产中的单元操作如表0-1所示。

表0-1　化工生产中常见的单元操作

名称	目的	原理	设备
流体输送	输送物料	机械能转换	管道和泵
传热	加热或冷却	利用温差传热	换热器
蒸发	分离溶剂与溶质	加热使溶剂汽化	蒸发器
蒸馏	分离均相液体混合物	各组分挥发度不同	塔设备
吸收	分离均相气体混合物	各组分溶解度不同	塔设备
非均相物系的分离	分离混合物	各物质透过性差异、重力	过滤机、沉降器
干燥	固体去湿	加热使湿分汽化	干燥器
萃取	分离不互溶液体	溶解度不同	萃取装置

四、课程的学习目的和要求

1．学习目的

（1）熟悉化工单元操作的基本原理和典型设备，及它们在化工生产中的应用；

（2）认识化工生产中分析和解决问题的途径；

（3）奠定化学科研工作的基础。

2．学习要求

（1）教学活动以学生为主体，学生通过独立思考、与他人互动和动手实践，在自己"做"的实践中掌握职业技能和知识，主动建构真正属于自己的经验和知识体系，并发展以后工作岗位所需的职业能力。

（2）以任务引领教学，在完成项目任务的学习过程中，实现理论、实践一体化和相关的多学科知识一体化。

模块一　流体流动与输送

化工生产中所用的原料、加工后得到的半成品或产品，大多数是流体。生产过程中，流体物料按照生产工艺的要求，通过管道，用流体输送机械输送到各个工段、车间的设备中进行物理或化学变化。流体流动中管径的大小，输送机械所消耗的能量，传热、传质等过程和化学反应进行的好坏，均与流体的流动状况密切相关，并明显影响生产的投资费用和操作费用。因此，流体流动与输送是化工生产中的重要单元操作，流体的流动规律也是进行其他化工过程的基础。

任务一　认识流体的密度

任务引入

什么是流体？流体具有什么样的性质？化工生产中所处理的物料，大多为流体（包括液体和气体）。为了满足工艺条件的要求，保证生产正常进行，需要了解流体的相关性质，要求能够对其进行简单的计算。

 任务分析

通过对流体基本概念的学习，了解流体的特点，熟悉其基本性质，从而运用所学内容进行简单的工程计算。

 相关知识

一、流体的基本概念

通常把具有流动性的物质称为流体，包括气体和液体。流体由不断运动着的分子所构成。在研究流体运动时，可将流体视为无数质点所组成的连续介质，并充满所占据的空间，这就是连续介质模型。

二、流体的密度

定义：单位体积流体具有的质量称为流体的密度，用符号 ρ 表示，SI 单位为 kg/m³。表达式为

$$\rho = \frac{m}{V}$$

式中　m——流体的质量，kg；

　　　V——流体的体积，m³；

与密度相关的物理量：

比体积：单位质量的流体所具有的体积，用 ν 表示，单位为 m³/kg。在数值上：

$$\nu = \frac{1}{\rho}$$

三、温度和压力对流体密度的影响

液体：压力对液体的影响不大，往往可忽略，故液体也叫作不可压缩性流体。一般液体的密度随温度的升高而减小。

气体：也叫作可压缩性流体。当气体压力变化不大时，一般其密度随温度的升高而减小。

四、查取流体密度的方法

纯净液体和气体的密度通常可以从《化学工程手册》或《物理化学手册》中查取；液体混合物的密度通常由实验测定，如比重瓶法、韦氏天平法及波美度比重计法等。

五、气体密度的计算

1. 纯理想气体

由理想气体状态方程求得操作条件（T，p）下的密度：

$$pV = nRT \Rightarrow \rho = \frac{m}{V} = \frac{nM}{V} = \frac{pVM}{RTV} = \frac{pM}{RT}$$

式中　p——气体压强，Pa；

　　　T——气体温度，K；

　　　M——气体的摩尔质量，g/mol；

　　　R——摩尔气体常数，其值为 8.314 J/(mol·K)。

2. 可视为理想气体的混合气体

理想气体混合物密度的计算式为

$$\rho_{m} = \frac{pM_{m}}{RT}$$

其中，混合物平均摩尔质量的计算式为

$$M_{m} = M_1 y_1 + M_2 y_2 + \cdots + M_n y_n$$

 任务实施

【例题1】

储槽内存有密度为 1600 kg/m³ 的溶液 10 t，则该储槽的体积至少有多少立方米？

解：根据方程　　　$\rho = \frac{m}{V}$

故　　　　　　　　$V = \frac{m}{\rho} = \frac{10000}{1600} = 6.25$ （m³）

【例题2】

苯和甲苯的混合蒸气可视为理想气体，其中含苯 0.60（体积分数）。试求 30 ℃、102×10³ Pa 绝对压强下该混合蒸气的平均密度。

解：　　　　$M_{均} = M_1 y_1 + M_2 y_2 = 0.6×78 + 0.4×92 = 83.6$ （g/mol）

$$\rho = \frac{pM_{均}}{RT} = \frac{102×83.6}{8.314×(273+30)} = 3.385$$ （kg/m³）

 思考与练习

1. 气体和液体有什么相同点和不同点？

2. 密度、比体积的定义及单位是什么？气体密度与哪些因素有关？

任务二   认识流体的压强

 任务引入

当长期生活在平原的人来到有一定海拔的山上时，可能会出现头晕、胸闷等高山反应，这是为什么呢？这是因为大气压发生了变化。人类生活的环境，总是处于一定的大气压力[①]下，而大气压力的大小与海拔是相关的。

正常工作的自来水管，如果产生了裂痕，水会从管中喷射出来，这又是为什么呢？同样是由于在管道中流动的液体具有一定的压力。

 任务分析

通过对流体压强的学习，能够解释生活中存在的各种压力现象，并运用在工程实例中。学会流体压力的表示方法及各压力单位的换算。通过学习各种常见的压力表，能够使用其进行简单的工程测量和计算。

 相关知识

一、流体的静压强

1. 压强的定义与单位

流体垂直作用于单位面积上的力称为流体的静压强，简称压强。

$$p = \frac{P}{A}$$

SI 制单位：N/m^2，称为帕斯卡，符号 Pa。

其他常用单位还有以下几种：

标准大气压：用符号"atm"表示；

工程大气压：用符号"at"表示；

汞柱高度：用符号"mmHg"表示；

水柱高度：用符号"mH_2O"表示。

这些单位之间的换算关系如下：

注：① 实为压强，包括后文的表压力、绝对压力等。在现阶段的生产、生活实践中一直沿用，
      为使学生了解生产实际，本书予以保留。——编者注

$$1 \text{ atm} = 760 \text{ mmHg} = 10.33 \text{ mH}_2\text{O} = 1.033 \text{ at} = 1.0133 \times 10^5 \text{ Pa}$$

2. 压强的表示方法

以绝对零压为基准测得的压力称为绝对压力。以大气压力为基准测得的压力称为表压力或真空度。若系统压力高于大气压，则超出的部分称为表压力，所用的测压仪表称为压力表；若系统压力低于大气压，则低于大气压的部分称为真空度，所用的测压仪表称为真空表。可以看出，它们之间的关系为

$$p_{表} = p_{绝} - p_{大}$$

$$p_{真} = p_{大} - p_{绝}$$

真空度又称为负压表，并且设备内流体的真空度越高，它的绝对压力就越小。绝对压力、表压力与真空度之间的关系可用图 1-1 表示。

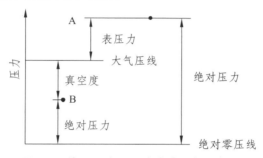

图 1-1   绝压、表压、真空度之间的关系

注意：① 为了避免相互混淆，当压力以表压或真空度表示时，应用括号注明，如 $4 \times 10^3 \text{ Pa}$（真空度）、200 kPa（表压）。若未注明，则视为绝对压力。② 计算压力时基准要一致。③ 大气压力以当时、当地气压表的读数为准。

需要指出，大气压随温度、湿度和海拔而变。故同一表压，在不同地区的绝压有可能不相同。同一地区的大气压也随季节和气候的变化而变化，所以在将表压或真空度换算成绝压时，大气压应为当地实测的大气压。

二、常见的压力表

图 1-2 展示了各类测压仪表的外形。在化工生产中，经常可以看到、用到的压力测量仪表就是压力表、真空表或压力真空表，它们是最简单的测量压力的仪表。

从图 1-2 可以看到，表上标有数字刻度和单位，还有指示读数的指针，这是一种指针式压力表。还有直接显示压力数值的数字式压力表。这三种表的差异在于使用的场合不同。当设备容器内的压力大于大气压力时，用压力表进行测量，其读数为表压；当设备容器内的压力小于大气压力时，用真空表进行测量，其读数为真空度；而压力真空表则在上述两种情况下都可使用。

（a）压力表

（b）真空表

（c）压力真空表

图 1-2   压力表、真空表及压力真空表

 任 务 实 施

【例题 1】

某设备顶部真空表的读数为 600 mmHg，该设备顶部的绝对压力为多少千帕？当地大气压为 1 atm。

解：当地大气压 p_a =1 atm=101.3 kPa

设备顶部的真空度

$$p_{真} =600 \text{ mmHg}=600/760×101.3=79.98 \text{ kPa}$$

故设备顶部的绝压

$$p= p_a - p_{真} =101.3-79.98=21.32（kPa）$$

 思 考 与 练 习

1. 压力表都用在哪些设备上？

2. 表压和真空度与大气压是什么关系？

3. 某设备内流体的绝对压力是 15 kPa，当地大气压为 100 kPa，该设备上真空表的读数是多少？

任务三   学习静力学基本方程及其应用

 任 务 引 入

在化工生产过程中，经常需要实时监测容器中液体的存储量，或需要控制容器内液位的高度，必须进行液位的测量。有时为了操作安全可靠，在某些场合还需采用液封装置。那么，在生产中是如何实现这些操作的呢？

任 务 分 析

通过对流体静力学基本方程的学习，了解流体的静力学基本特性，并运用静力学基本方程解决工程实际问题。

 相 关 知 识

一、流体静力学方程

1. 静力学基本方程式（图 1-3）

$$p_2 = p_1 + (z_1 - z_2)\rho g$$

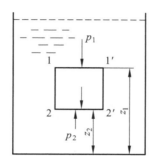

图 1-3　静力学方程式的推导

若将液注上底面取在液面上，液面上的压力为 p_0，液柱高度 $h = (z_1 - z_2)$，则流体的静力学方程为

$$p = p_0 + \rho g h$$

该式表明在重力作用下静止液体内部压强的变化规律。

2. 方程的讨论

（1）液体内部压强 p 是随 p_0 和 h 的改变而改变的。

（2）容器液面上方压强 p_0 一定时，静止液体内部的压强 p 仅与垂直距离 h 有关。处于同一水平面上各点的压强相等。

（3）当液面上方的压强改变时，液体内部的压强也随之改变，即液面上所受的压强能以同样大小传递到液体内部的任一点。

（4）从流体静力学的推导可以看出，它们只能用于静止的、连通着的同一种流体的内部，对于间断的并非单一流体的内部则不满足这一关系。

（5）$p = p_0 + \rho g h$ 可以改写成 $\dfrac{p - p_0}{\rho g} = h$。压强差的大小可利用一定高度的液体柱来表示，这就是液体压强计的测量原理。在使用液柱高度来表示压强或压强差时，需指明何种液体。

（6）流体的静力学方程是以不可压缩流体推导出来的，对于可压缩性的气体，只适用于压强变化不大的情况。

任务实施

一、液柱压差计的使用（U形管压差计）

常见的液柱压力计是由一根透明的 U 形管构成的，管内盛有与被测流体不互溶、不发生化学反应的指示液，密度为 ρ_i，指示液密度须大于被测流体的密度 ρ，随着测量的压力差（p_1-p_2）的不同，U 形管中指示液显示不同的高度差 R（图 1-4）。

用 U 形管压力计测量两点的压力差时，用接管将 U 形管两端分别与被测流体的 1、2 点连通，这时接管内和 U 形管内指示液以上的空间应充满被测流体。当被测 1、2 点的压力为 $p_1>p_2$ 时，在图中取等压面 A—B，被测 1、2 点与等压面的垂直距离为 h。由于 U 形管内的指示液处于静止状态，根据流体静力学基本方程可得

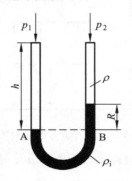

图 1-4　U 形管压差计

$$p_A = p_B$$
$$p_A = p_1 + \rho g h$$
$$p_B = p_2 + \rho g(h-R) + \rho_i g R$$
$$p_1 - p_2 = (\rho_i - \rho)gR \tag{1-1}$$

应用式（1-1）时，被测的 1、2 点必须保持处于同一水平位置上，才能得到正确的、真正的压差。当压差一定时，U 形管压差计的读数 R 与密度差（$\rho_i-\rho$）有关，密度差越大，则读数 R 越小。为了减小读数误差，应合理选择指示液的密度，使读数 R 保持在一个适宜的测量范围内。

若被测流体为气体，因气体密度远小于指示液的密度，可将式（1-1）改写为

$$p_1 - p_2 = \rho_i g R \tag{1-2}$$

如果 U 形管压差计的一端与被测流体相连，而另一端与大气相通，就可以用来测量某一点的表压或真空度。

在某些情况下，可用密度较小的空气作为指示剂。此时，指示剂的密度 ρ_i 小于被测流体

的密度 ρ，应将 U 形管倒置，称为倒 U 形管压差计。它只能用于测量液体的压差，相应压差与读数 R 的关系为

$$p_1 - p_2 = (\rho - \rho_i)gR \qquad\qquad (1\text{-}3)$$

【例题 1】

用 U 形管压差计测量某设备进、出口间的压力差，设备进出口在同一水平位置，如图 1-5 所示。U 形管内指示液为汞。（1）若设备中流动的是水，压差计上的读数为 35 cm，求此设备进、出口间的压力差；（2）若设备中流动的是密度为 2.5 kg/m³ 的气体，在相同压力差的情况下，求 U 形管中指示液的读数为多少厘米。

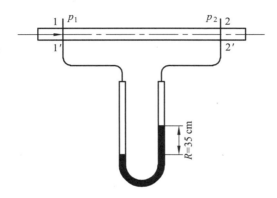

图 1-5　用 U 形管压差计测出出口压力差

解：取汞的密度 $\rho_i = 13600$ kg/m³。

（1）已知水的密度 $\rho = 1000$ kg/m³，$R = 35$ cm = 0.35 m，则压力差为

$$\Delta p = (\rho_i - \rho)gR = （13\,600 - 1000）\times 9.81 \times 0.35$$
$$= 43.26 \times 10^3 （Pa）$$
$$= 43.26\ kPa$$

（2）当设备中的流体为气体时

$$R = \frac{\Delta p}{(\rho_i - \rho)g} = \frac{43.26 \times 10^3}{(13\,600 - 2.5)\times 9.81} = 0.3243 （m） = 32.43\ cm$$

二、液位的测量

化工生产中常需了解容器中液体的存储量，或需要控制容器内液位的高度，就必须进行液位的测量。液位测量的方法有很多，大多数液位测量的原理遵循流体静力学基本方程。

【例题 2】

如图 1-6 所示，储槽内存放有密度 $\rho = 860$ kg/m³ 的溶液，与槽底部测压孔相连的 U 形管压差计中汞柱的读数为 150 cm，U 形管中汞的液面正好与储槽的内底水平，储槽液面上方与大气相通。试求该条件下储槽内溶液的体积为多少立方米，质量为多少吨。

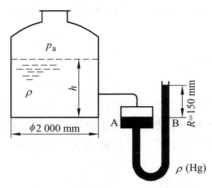

图 1-6　储槽内流体的体积测量

解：取汞的密度 ρ_{Hg}=13600 kg/m³，已知溶液的密度 ρ=860 kg/m³，R=150 cm=0.15 m，U 形管中等压面为 A—B 面，则

$$p_A = p_a + \rho gh$$
$$p_B = p_a + \rho_{Hg} gh$$

因为　　　　　　$p_A = p_B$

所以　　　　　　$h = \dfrac{R\rho_{Hg}}{\rho} = \dfrac{0.15 \times 13600}{860} = 2.37\,(\text{m})$

溶液体积　　　　$V = h \times A = 2.37 \times \dfrac{\pi}{4} \times 2^2 = 7.44\,(\text{m}^3)$

溶液质量　　　　$m = V\rho = 7.44 \times 860 = 6400\,(\text{kg}) = 6.40\,\text{t}$

三、液封高度

化工生产中为了操作安全可靠，在某些场合可采用液封装置，根据流体静力学基本方程可确定液封高度。

【例题 3】

如图 1-7 所示，为了控制乙炔（易燃易爆）发生炉的操作表压不超过 80 mmHg，需在炉外安装安全水封，当炉内压力超过规定值时，乙炔气体从水封管中经水槽放入大气。求水封管插入水槽的深度 h 为多少米。

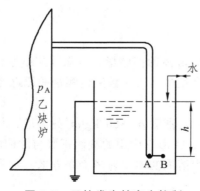

图 1-7　乙炔发生炉安全控制

解：以炉内允许最大表压 80 mmHg 为极限值，气体刚好充满水封管。取水封管口为等压面，如图中 A—B 面，则 $p_A=p_B$。

已知炉内压力 $p_表$=80 mmHg = 80×133.3 = 10.66×10³ (Pa)，水的密度 ρ =1000 kg/m³。

因

$$p_A = p_a + p_表$$
$$p_B = p_a + pgh$$

故

$$h = \frac{p_表}{\rho g} = \frac{10.66×10^3}{1000×9.81} = 1.09（\text{m}）$$

通常为了安全起见，实际水封管插入水槽水面下的深度应略小于 1.09 m。

 思考与练习

如图 1-8 所示的气柜内最大压力（表压）为 29.4 kPa，求液封槽内水面上升的高度为多少米？

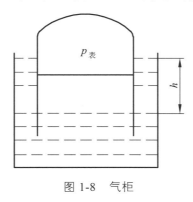

图 1-8　气柜

任务四　学习流量与流速

 任务引入

在化工生产过程中，各原料的配比有着严格的要求。若要准确控制输送原料的比例，确定管道的直径等，就必须掌握流量的测量、计算方法，学会正确表示流量，认识测定流量或流速的仪表。

 任务分析

通过对流量与流速的学习，掌握各种不同流量的表示方法及它们之间的关系；并能够运用所学知识解决化工生产中流量测量及管径选择的任务。

📖 **相关知识**

一、流量与流速

1. 流 量

单位时间内流过管道任一截面的流体量，称为流量。一般以体积流量和质量流量表示。

若流量用体积来计量，称为体积流量，符号为 V_s，单位为 m³/s。

若流量用质量来计量，称为质量流量，符号为 W_s，单位为 kg/s。

体积流量和质量流量的关系：

$$W_s = V_s \rho \tag{1-4}$$

2. 流 速

单位时间内流体在流动方向上流过的距离，称为流速。由于流体在管道内各点的流速不一样，这里所指的流速为流体在整个管道截面上的平均流速，用符号 u 表示，单位为 m/s 或 m/h。数学表达式为

$$u = \frac{V_s}{A} \tag{1-5}$$

式中 A——与流动方向垂直的管道截面积，m²。

流量与流速的关系：

$$V_s = uA \tag{1-6}$$

$$W_s = uA\rho \tag{1-7}$$

质量流速：单位时间内流体流过管道单位截面积的质量流量用 G 表示，单位为 kg/(m² ·s)。数学表达式为

$$G = \frac{W_s}{A} = \frac{V_s \rho}{A} = u\rho \tag{1-8}$$

对于圆形管道，若以 d 表示管道内径，则管道截面积 $A = \frac{\pi}{4}d^2$，故

$$u = \frac{V_s}{\frac{\pi}{4}d^2} \tag{1-9}$$

管道直径的计算式为

$$d = \sqrt{\frac{4V_s}{\pi u}} \tag{1-10}$$

二、流量的测量方法

在化工生产过程中，常常需要测量流体的流速或流量。流量计就是测量流量的仪表。根据测量原理不同，可以将流量计分成许多种类，如差压式流量计、转子流量计、涡轮流量计、

电磁流量计、超声波流量计、涡街流量计等。现将常用的测量装置介绍如下。

1. 孔板流量计

这是一种差压式流量计，它是依靠安装于管道中的流量检测件产生的压差来测量流量的。流量检测件是一块带孔的金属薄板，被称为孔板，如图 1-9 所示。孔板用法兰连接在水平的被测管路上，孔板的中心线与管路中心线重叠，它的配件是 U 形管压差计，压差计的两端分别与孔板的两侧相接，管内装有指示液。

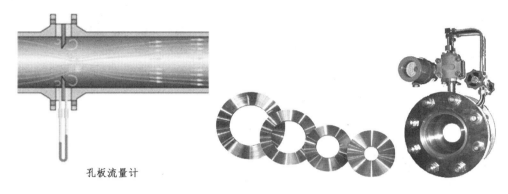

孔板流量计

图 1-9　孔板流量计

孔板流量计测量流量利用的是力学原理，也就是伯努利方程，当流体流过孔板时，在孔板前后流体的压力会发生比较大的变化，这个压力的变化通过 U 形管内指示液的高度变化反映出来，就是我们从图中看到的高度差 R，根据高度差 R 就可以计算出流体的流量。通过计算可以得出：压差越大，高度差就越大，流量也就越大。

孔板流量计的特点是结构简单，安装方便，价格低廉；但流体能力损失大，不适宜在流量变化很大的场合使用，而且不能直接得到流量数值，需要经过计算才能得到流量。

目前这种类型的产品还有：楔形流量计、文丘里流量计、皮托管流量计等。

2. 转子流量计

转子流量计如图 1-10 和图 1-11 所示。它是由一个截面积自下而上逐渐扩大的锥形玻璃管构成的，玻璃管上标有刻度，管内装有一个由金属或其他材料制成的转子，转子可以在锥形玻璃管内自由地上升和下降。当流体流过转子时，推动转子旋转，因此称为转子流量计。

在锥形管道中的转子受到流动流体的作用力而开始向上移动，当转子受到的力达到平衡时，转子就不再移动，而是原地旋转，这时转子对应的刻度就表示流量的大小。转子停留的位置越高，则流量越大。

转子流量计是工业上和实验室最常用的一种流量计。它具有结构简单、直观、能量损失小、维修方便等特点，它的最大优点就是可以直接读出流量。

转子流量计适用于测量通过管道直径 $D<150$ mm 的小流量，也可以测量腐蚀性介质的流量。使用时流量计必须安装在垂直走向的管段上，流体介质自下而上地通过转子流量计。

但玻璃管不耐高压、高温，且必须防止受冲击导致玻璃破碎，安装时必须保持垂直。

需要说明的是，转子流量计的读数是生产厂家在一定条件下用空气或水标定的，当条件变化或用于测量其他流体时，应重新进行标定，其方法可参阅产品手册或有关书籍。

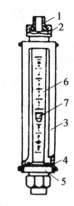

图 1-10　转子流量计结构示意图

图 1-11　转子流量计实物图

1—接管；2—螺母；3—护板；4—支撑；
5—基座；6—椎管；7—浮子

3. 涡轮流量计

涡轮流量计要在管道内安装一个涡轮，流体流过时冲击叶轮，使涡轮产生旋转，叶轮旋转的快慢就可以反应流量的大小。一般家庭中使用的水表就是这种流量计。

涡轮流量计的外形如图 1-12 所示。涡轮流量计是一种速度式流量仪表，涡轮的转速随流量的变化而变化，经磁电转化装置把涡轮转速转化为相应频率电脉冲，经放大后送入显示仪表进行计数和显示，根据单位时间内的脉冲数和累计脉冲数，即可求出瞬时流量和累计流量。

图 1-12　涡轮流量计

涡轮流量计具有测量精度高、反应速度快、测量范围广、价格低廉、安装方便等优点。广泛用于石油、各种液体、液化气、天然气、煤气和低温流体等。在欧洲和美国，涡轮流量计是继孔板流量计之后第二个法定天然气流量计。

4. 电磁流量计

电磁流量计是 20 世纪 50～60 年代随着电子技术的发展而迅速发展起来的新型流量测量仪表，用于测量导电液体的体积流量。它的外形如图 1-13 所示。在结构上，电磁流量计由电磁流量传感器和转换器两部分组成。传感器的作用是将流进管道内的液体体积流量变换成感应电势信号，并通过传输线送到转换器。转换器再将信号放大，并转换成流量信号输出。

电磁流量计是根据法拉第电磁感应定律制成的，导电体在磁场中运动产生感应电动势，而感应电动势又和流量大小成正比，通过测量电动势来反映管道内的流量大小，根据管径、介质的不同，就可以转换成流量。

图 1-13　电磁流量计

　　电磁流量计的测量精度和灵敏度都较高。工业上多用以测量水、矿浆等介质的流量。可测最大管径达 2 m，而且能量损失极小。但电导率低的介质，如气体、蒸汽等则不能应用。

　　电磁流量计目前已广泛应用于工业过程中各种导电液体的流量测量，如各种酸、碱、盐等腐蚀性介质，各种浆液流量测量，形成了独特的应用领域。

　　5. 涡街流量计

　　涡街流量计是 20 世纪 70 年代开发和发展起来的，属于流体振荡式流量计，它的外形如图 1-14 所示。它是利用流体在特定条件下流动时会产生振荡，而且振荡的频率与流速成比例这一原理设计的。当通流截面一定时，流速又与流量成正比，因此，测量振荡频率即可测得流量。

图 1-14　涡街流量计

　　6. 超声波流量计

　　超声波流量计也是在 20 世纪 70 年代发展起来的一种新型流量计，它的外形如图 1-15 所示。超声波流量计是通过检测流体流动对超声束的作用来测量流量的仪表，它也是由测量流速来反映流量大小。

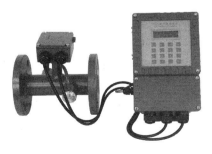

图 1-15　超声波流量计

超声波流量计和电磁流量计一样，因仪表流通通道未设置任何障碍件，均属无阻碍流量计，是用于解决流量测量困难的一类流量计，特别在大口径流量测量方面有较突出的优点。它安装简单、操作方便、通用性好、几乎不需维修，广泛用于石油、化工、冶金、采矿、水电等行业。

由于超声波流量计可以制成非接触形式，对流体又不产生扰动和阻力，所以很受欢迎，是一种很有发展前途的流量计。

📋 任务实施

一、管子的选用

1. 管材或品种的选用

根据被输送介质的性质和操作条件，选用满足生产要求的管子。根据既要安全，经济上又要合理的原则进行选择。凡是能用低一级的，就不要用高一级的；能用一般材料的，就不选用特殊材料。

2. 管径的估算

管道中流体流量与流速、管径的关系由式（1-9）和式（1-10）可得

$$u = \frac{4V_s}{\pi d^2}$$

即
$$d = \sqrt{\frac{4V_s}{\pi u}} = \sqrt{\frac{V_s}{0.785u}} \qquad (1-11)$$

生产中，流量由生产能力确定，一般是不变的，选择流速后，即可初算出管子的内径。工业上常用流速范围可参考表 1-1。

表 1-1　某些流体在管道中常用的流速范围

流体种类及状况	流速/（m/s）	流体种类及状况	流速/（m/s）
水及一般液体	1～3	易燃、易爆的低压气体	<8
黏度较大液体	0.5～1	饱和水蒸气：0.3 MPa 以下	20～40
低压气体	8～15	饱和水蒸气：0.8 MPa 以下	40～60
压力较高气体	15～25	过热水蒸气	30～50

初算出管内径后，按算出的管内径套管子的公称直径（考虑工作压力）查管子规格表，确定实际内径和实际流速。

在选择管子直径时，应注意使操作费用和投资折旧费用最低。流速越大，所需的管子直径越小，管子的投资折旧费越小；但输送流体的动力消耗和操作费用越大。

【例题 1】

现欲安装一低压输水管路，水的流量为 7 m³/h，试确定管子的规格，并计算其实际流速。

解：因输送低压的水，故选镀锌的水煤气管。由表 1-1 知，选水的流速为 1.5 m/s，则

$$d = \sqrt{\frac{V_s}{0.785u_{理论}}} = \sqrt{\frac{7/3600}{0.785 \times 1.5}} = 0.0406 （\text{m}） = 40.6\,\text{mm}$$

查附录(或参考数据表)中管子规格表,选择 DN40 的水煤气管(普通管),其外径为 48 mm,壁厚为 3.5 mm，实际内径为 48-2×3.5=41 （ mm ）。

则实际流速：

$$u = 1.5 \times \left(\frac{40.6}{41}\right)^2 = 1.47 （\text{m}/\text{s}）$$

 思考与练习

1. 生产实际中，管道直径应如何确定？

2. 什么叫体积流量、质量流量和流速？它们之间有什么关系？

3. 常温下密度为 870 kg/m^3 的甲苯流经 ϕ108×4 热轧无缝钢管送入甲苯贮罐。已知甲苯的体积流量为 10 L/s，求甲苯在管内的质量流量(kg/s)、平均流速(m/s)、质量流速[kg/(m^2·s)]。

4. 混合气体中含 H_2 的体积分数为 75%，N_2 的体积分数为 25%，在温度 40 ℃ 和压力 1.52×10^5 Pa 下，以 15 m/s 的流速流经内径为 100 mm 的管道时，试求该气体的体积流量(m^3/h)和质量流量(kg/h)。

5. 某厂精馏塔进料量为 36 000 kg/h，该料液的性质与水相近，其密度为 960 kg/m^3，试选择进料管的管径。

任务五 学习连续性方程

 任务引入

工业生产中的连续操作过程，如生产条件控制正常，则流体流动多属于稳定流动。连续操作的开车、停车过程及间歇操作过程属于不稳定流动。在稳定流动时，管路中的参数该如何确定？

 任务分析

通过对连续性方程的理论学习，学会对工业生产连续操作过程中的各个参数进行相关计算。

相关知识

一、连续性方程

1. 稳定流动系统

根据流体在管路系统中流动时各种参数的变化情况，可以将流体的流动分为稳定流动和不稳定流动。若流动系统中各物理量的大小仅随位置变化，不随时间变化，则称为稳定流动。若流动系统中各物理量的大小不仅随位置变化，而且随时间变化，则称为不稳定流动。

本次任务所讨论的流体流动为稳定流动过程。

思考与练习

在有溢流装置的恒位槽系统中，流体的流动是什么过程？若没有流体的补充，槽内的液位不断下降时流体的流动是什么过程呢？

2. 连续性方程

稳定流动系统如图 1-16 所示，流体充满管道，并连续不断地从截面 1—1′流入，从截面 2—2′流出。以管内壁、截面 1—1′与 2—2′为衡算范围，以单位时间为衡算基准，根据质量守恒定律，进入截面 1—1′的流体质量流量与流出截面 2—2′的流体质量流量相等。

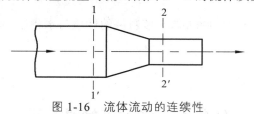

图 1-16　流体流动的连续性

即
$$q_{m1} = q_{m2} \tag{1-12}$$

因为
$$q_m = uA\rho$$

式中　q_m——流体的质量流量，指单位时间内流经管道有效截面积的流体质量，kg/s；

　　　u——流体在管道任一截面的平均流速，m/s；

　　　A——管道的有效截面积，m^2；

　　　ρ——流体的密度，kg/m^3。

故
$$q_m = u_1 A_1 \rho_1 = u_2 A_2 \rho_2 \tag{1-13}$$

若将式（1-13）推广到管路上任何一个截面，即
$$q_m = uA\rho = 常数 \tag{1-14}$$

上述方程式表示在稳定流动系统中，流体流经管道各截面的质量流量恒为常量，但各截面的流体流速则随管道截面积和流体密度的不同而变化。

若流体为不可压缩流体，即 ρ=常数，则

$$q_V= uA = 常数 \tag{1-15}$$

式中 q_V——流体的体积流量，指单位时间内流经管道有效截面积的流体体积，m^3/s。

式（1-51）说明不可压缩流体不仅流经各截面的质量流量相等，而且它们的体积流量也相等。而且管道截面积 A 与流体流速 u 成反比，截面积越小，流速越大。

若不可压缩流体在圆管内流动，因 $A=\dfrac{\pi}{4}d^2$，则

$$\frac{u_1}{u_2}=\frac{A_2}{A_1}=\left(\frac{d_2}{d_1}\right)^2 \tag{1-16}$$

式（1-16）说明不可压缩流体在管道内的流速（u）与管道内径的平方（d^2）成反比。

式（1-12）至式（1-16）称为流体在管道中稳定流动的连续性方程。连续性方程反映了在稳定流动系统中，流量一定时管路各截面上流速的变化规律。此规律与管路的安排以及管路上是否装有管件、阀门或输送设备等无关。

📋 **任务实施**

【例题 1】

如图 1-16 所示的串联变径管路中，已知小管规格为 $\phi 57\ mm \times 3\ mm$，大管规格为 $\phi 89\ mm \times 3.5\ mm$，均为无缝钢管，水在小管内的平均流速为 2.5 m/s，水的密度可取为 1000 kg/m^3。试求：（1）水在大管中的流速；（2）管路中水的体积流量和质量流量。

解：（1）小管直径 $d_1 = 57 - 2 \times 3 = 51$（mm），$u_1 = 2.5$ m/s

大管直径 $d_2 = 89 - 2 \times 3.5 = 82$（mm）

$$u_2 = u_1 \frac{A_1}{A_2} = u_1 \left(\frac{d_1}{d_2}\right)^2 = 2.5 \times \left(\frac{51}{82}\right)^2 = 0.967\ （m/s）$$

（2）$q_V = u_1 A_1 = u_1 \dfrac{\pi}{4}d_1^2 = 2.5 \times 0.785 \times (0.051)^2 = 0.0051\ （m^3/s）$

$$q_m = q_V \rho = 0.0051 \times 1000 = 5.1\ （kg/s）$$

✏️ **思考与练习**

1. 流体作稳定流动时（　　　）。

　　A. 任一截面处的流速相等　　　　　　B. 任一截面处的质量流量相等

　　C. 同一截面的密度随时间变化　　　　D. 质量流量不随位置和时间变化

2. 当管中的液体形成稳定流动时，已知 $d_2 = 2d_1$，则（　　　）。

　　A. $u_1 = 4u_2$　　　　B. $u_2 = 4u_1$　　　　C. $u_2 = 2u_1$　　　　D. $u_1 = 2u_2$

3. 密度为 1820 kg/m^3 的硫酸，定常流过内径为 50 mm 和 68 mm 的管道组成的串联管路，体积流量为 150 L/min。试求硫酸在大管和小管中的质量流量（kg/s）、流速（m/s）。

任务六 学习伯努利方程及其应用

 任务引入

在化工生产中，解决流体输送问题的基本依据是伯努利方程，因此伯努利方程及其应用极为重要。根据对稳定流动系统能量衡算，即可得到伯努利方程。

 任务分析

伯努利方程是依据能量守恒推导而来，要想充分理解伯努利方程，首先要认识各种形式的机械能。

 相关知识

一、伯努利方程

流动系统中涉及的能量有多种形式，包括内能、机械能、功、热、损失能量，若系统不涉及温度变化及热量交换，内能为常数，则系统中所涉及的能量只有机械能、功、损失能量。能量根据其属性分为流体自身所具有的能量及系统与外部交换的能量。

1. 流体所具有的能量——机械能

（1）位能　位能是流体处于重力场中而具有的能量。若质量为 m（kg）的流体与基准水平面的垂直距离为 z（m），则位能为 mgz（J），单位质量流体的位能则为 gz（J/kg）。

位能是相对值，计算时须规定一个基准水平面。

（2）动能　动能是流体以一定速度流动而具有的能量。质量为 m（kg）的流体，当其流速为 u（m/s）时具有的动能为 $\frac{1}{2}mu^2$（J），单位质量流体的动能为 $\frac{1}{2}u^2$（J/kg）。

（3）静压能　静压能是由于流体具有一定的压力而具有的能量。流体内部任一点都有一定的压力，如果在有液体流动的管壁上开一小孔并接上一个垂直的细玻璃管，液体就会在玻璃管内升起一定的高度，此液柱高度即表示管内流体在该截面处的静压力值。

管路系统中，某截面处流体压力为 p，流体要流过该截面，则必须克服此压力做功，于是流体带着与此功相当的能量进入系统，流体的这种能量称为静压能。质量为 m（kg）的流体的静压能为 pV（J），单位质量流体的静压能为 $\frac{p}{\rho}$（J/kg）

2. 系统与外界交换的能量

实际生产中的流动系统，系统与外界交换的能量主要有功和损失能量。

（1）外加功 当系统中安装有流体输送机械时，它将对系统做功，即将外部的能量转化为流体的机械能。单位质量流体从输送机械中所获得的能量称为外加功，用 W_e 表示，其单位为 J/kg。

外加功 W_e 是选择流体输送设备的重要数据，可用来确定输送设备的有效功率 P_e，即

$$P_e = W_e q_m \ (W) \tag{1-17}$$

（2）损失能量 由于流体具有黏性，在流动过程中要克服各种阻力，所以流动中有能量损失。单位质量流体流动时为克服阻力而损失的能量，用 $\sum h_f$ 表示，其单位为 J/kg。

3. 伯努利方程式

如图 1-17 所示，不可压缩流体在系统中作稳定流动，流体从截面 1—1′经泵输送到截面 2—2′。根据稳定流动系统的能量守恒，输入系统的能量应等于输出系统的能量。

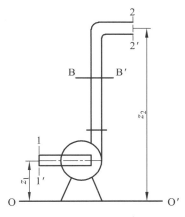

图 1-17　流体的管路输送系统

输入系统的能量包括由截面 1—1′进入系统时带入的自身能量，以及由输送机械中得到的能量。输出系统的能量包括由截面 2—2′离开系统时带出的自身能量，以及流体在系统中流动时因克服阻力而损失的能量。

若以 O—O′面为基准水平面，两个截面距基准水平面的垂直距离分别为 z_1、z_2，两截面处的流速分别为 u_1、u_2，两截面处的压力分别为 p_1、p_2，流体在两截面处的密度为 ρ，单位质量流体从泵所获得的外加功为 W_e，从截面 1—1′流到截面 2—2′的全部能量损失为 $\sum h_f$。则根据能量守恒定律

$$gz_1 + \frac{p_1}{\rho} + \frac{1}{2}u_1^2 + W_e = gz_2 + \frac{p_2}{\rho} + \frac{1}{2}u_2^2 + \sum h_f \tag{1-18}$$

式中　gz_1，$\dfrac{1}{2}u_1^2$，$\dfrac{p_1}{\rho}$——流体在截面 1—1′上的位能、动能、静压能，J/kg；

gz_2，$\dfrac{1}{2}u_2^2$，$\dfrac{p_2}{\rho}$——流体在截面 2—2′上的位能、动能、静压能，J/kg。

式（1-18）称为实际流体的伯努利方程，是以单位质量流体为计算基准的，式中各项的单位均为 J/kg。它反映了流体流动过程中各种能量的转化和守恒规律，在流体输送中具有重要

意义。

通常将无黏性、无压缩性，流动时无流动阻力的流体称为理想流体。当流动系统中无外功加入时（即 $W_e = 0$），则

$$gz_1 + \frac{1}{2}u_1^2 + \frac{p_1}{\rho} = gz_2 + \frac{1}{2}u_2^2 + \frac{p_2}{\rho} \qquad （1-19）$$

式（1-19）为理想流体的伯努利方程，说明理想流体稳定流动时，各截面上所具有的总机械能相等，为一常数；但每一种形式的机械能不一定相等，各种形式的机械能可以相互转换。

将单位质量流体为基准的伯努利方程中的各项除以 g，则可得

$$z_1 + \frac{p_1}{\rho g} + \frac{u_1^2}{2g} + \frac{W_e}{g} = z_2 + \frac{p_2}{\rho g} + \frac{u_2^2}{2g} + \frac{\sum h_f}{g}$$

令

$$H_e = \frac{W_e}{g} \qquad H_f = \frac{\sum h_f}{g}$$

则

$$z_1 + \frac{p_1}{\rho g} + \frac{u_1^2}{2g} + H_e = z_2 + \frac{p_2}{\rho g} + \frac{u_2^2}{2g} + H_f \qquad （1-20）$$

式中　z，$\frac{u^2}{2g}$，$\frac{p}{\rho g}$——位压头、动压头、静压头，单位重量（1 N）流体所具有的机械能，m；

H_e——有效压头，单位重量流体在截面 1—1′ 与截面 2—2′ 间所获得的外加功，m；

H_f——压头损失，单位重量流体从截面 1—1′ 流到截面 2—2′ 的能量损失，m。

式（1-20）为以单位重量流体为计算基准的伯努利方程，式中各项均表示单位重量流体所具有的能量，单位为 J/N（m）。m 的物理意义是：单位重量流体所具有的机械能，把自身从基准水平面升举的高度。

式（1-20）适用于稳定、连续的不可压缩系统。在流动过程中两截面间流量不变，满足连续性方程。

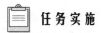 **任务实施**

一、伯努利方程的应用

1. 应用伯努利方程的注意事项

（1）作图并确定衡算范围

根据题意画出流动系统的示意图，并指明流体的流动方向，定出上下截面，以明确流动系统的衡算范围。

（2）截面的截取

两截面都应与流动方向垂直，并且两截面的流体必须是连续的，所求的未知量应在两截

面或两截面之间，截面的有关物理量 z、u、p 等除了所求的物理量之外，都必须是已知的或者可以通过其他关系式计算出来。

（3）基准水平面的选取

基准水平面的位置可以任意选取，但必须与地面平行，为了计算方便，通常取基准水平面为通过衡算范围的两个截面中的任意一个截面。如衡算范围为水平管道，则基准水平面通过管道中心线，$\Delta z=0$。

（4）单位必须一致

在应用伯努利方程之前，应把有关物理量的单位换算成一致，然后进行计算。两截面的压强除要求单位一致外，还要求表示方法一致。

2. 伯努利方程的应用

（1）确定管路中流体的流速或流量

流体的流量是化工生产和科学实验中的重要参数之一，往往需要测量和调节其大小，使操作稳定，生产正常，以制得合格产品。

下例是根据已知的管路系统，应用伯努利方程式计算其流速或流量。

【例题 1】

在如图 1-18 所示的虹吸管路中，虹吸管管径不变，并忽略阻力损失，其他已知数据见图 1-18，当地大气压为 101.3 kPa，求：① 虹吸管中水的流速。② 2—2′截面处的压强。

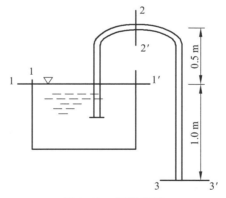

图 1-18　虹吸管路

解：① 取 1—1′和 3—3′截面，并以 3—3′截面为基准水平面。

由伯努利方程得：

$$z_1+\frac{p_1}{\rho g}+\frac{u_1^2}{2g}=z_3+\frac{p_3}{\rho g}+\frac{u_3^2}{2g}$$

$z_1=1\text{ m}$　　　　$z_3=0$

$p_1=0$　　　　$p_3=0$

$u_1=0$　　　　$u_3=?$

代入式（1-20）求得

$$u_3=\sqrt{2g}=4.43\,(\text{m}/\text{s})$$

② 取 1—1′和 2—2′截面，并以 1—1′截面为基准水平面。

$$z_1 + \frac{p_1}{\rho g} + \frac{u_1^2}{2g} = z_2 + \frac{p_2}{\rho g} + \frac{u_2^2}{2g}$$

$z_1 = 0$ $z_2 = 0.5\ \text{m}$

$p_1 = 0$ $p_2 = ?$

$u_1 = 0$ $u_2 = 4.43\ \text{m/s}$

代入式（1-20）得

$$p_2 = -1.5\ \text{mH}_2\text{O} = -14.7\ \text{kPa} \quad （表压）$$

（2）确定设备间的相对位置

在化工生产中，有时为了完成一定的生产任务，需确定设备之间的相对位置，如高位槽的安装高度、水塔的高度等。

【例题 2】

如图 1-19 所示的高位槽，要求出水管内的流速为 2.5 m/s，管路的损失压头为 5.68 m 水柱。试求高位槽稳定水面距出水管口的垂直高度为多少米。

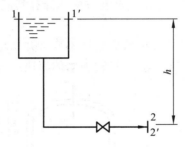

图 1-19　高位槽

解：取高位槽水面为 1—1′截面，出水管口为 2—2′截面，基准水平面通过 2—2′截面的中心，则已知条件有

$z_1 = h$, $u_1 = 0$, $p_1 = p_2 = 0$ （表压）

$u_2 == 2.5\ \text{m/s}$, $z_2 = 0$

$H = 0$, $h_f = 5.68\ \text{m}$ （水柱）

伯努利方程式简化为

$$z_1 = \frac{u_2^2}{2g} + h_f$$

所以 $h = \dfrac{2.5^2}{2 \times 9.81} + 5.68 = 6\ (\text{m})$

（3）管道内流体的内压强及压强计的指示

在化工生产中，近距离输送腐蚀性液体时，可采用压缩空气或惰性气体来取代输送机械，这时需要计算为满足生产任务所需的压缩空气的压力大小。

【例题 3】

某车间用压缩空气送 98% 的浓硫酸，从底楼储罐压至 4 楼的计量槽内，如图 1-20 所示，计量槽与大气相通。每批压送量为 10 min 内压完 0.3 m³，硫酸的温度为 20 ℃，机械能损失为

7.66 J/kg，管道内径为 32 mm。试求所需压缩空气的表压为多少千帕。

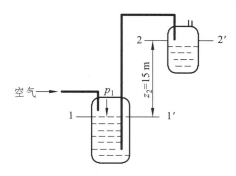

图 1-20　用压缩空气送硫酸示意图

解：取硫酸槽液面为 1—1′截面，管道出口为 2—2′截面，以 1—1′截面为基准水平面，则已知条件有：

$$z_1 = 0 \ , \quad u_1 = 0 \ , \quad E = 0 \ , \quad z_2 = 15 \text{ m}$$

$$p_2 = 0 \,(\text{表压}) \ , \quad E_f = 7.66 \text{ J/kg}$$

$$u_2 = \frac{V_s}{\frac{\pi}{4} \times d^2} = \frac{0.3 / (10 \times 60)}{0.785 \times 0.032^2} = 0.622 \,(\text{m/s})$$

查得硫酸密度为 $\rho = 1831 \text{ kg/m}^3$

伯努利方程简化为

$$\frac{p_1}{\rho} = z_2 g + \frac{u_2^2}{2} + E_f$$

（此式说明在此条件下，静压能转化为位能、动能和克服阻力损失）

$$
\begin{aligned}
p_1 &= \rho \left(z_2 g + \frac{u_2^2}{2} + E_f \right) \\
&= 1831 \times \left(15 \times 9.81 + \frac{0.622^2}{2} + 7.66 \right) \\
&= 2.839 \times 10^5 \,(\text{Pa}) \\
&= 283.9 \text{ kPa （表压）}
\end{aligned}
$$

为保证压送量，实际表压应略大于 283.9 kPa。

（4）确定输送设备的有效功率

用伯努利方程式计算管路系统的外加机械能或外加压头，是选择输送机械型号的重要依据，也是确定流体从输送机械所获得有效功率的重要依据。

【例题 4】

如图 1-21 所示的水冷却装置，处理量为 60 m³/h，输入管路为内径 100 mm 的钢管，喷头入口处的压强不低于 79050 Pa（0.5 at）（表压），管路总阻力损失为 5.73 m。求泵的功率。（$\rho = 992 \text{ kg/m}^3$）

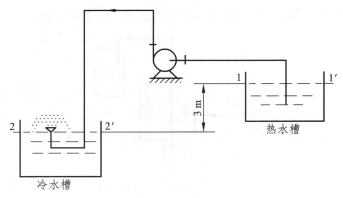

图 1-21   水冷却装置

解：取热水槽液面为 1—1'截面，冷水槽液面为 2—2'截面，并以 2—2'截面为基准水平面。

$$z_1 + \frac{p_1}{\rho g} + \frac{u_1^2}{2g} + H = z_2 + \frac{p_2}{\rho g} + \frac{u_2^2}{2g} + h_f$$

$z_1 = 3\,\mathrm{m}$ ， $z_1 = 0$

$p_1 = 0$ ， $p_2 = 49050\,\mathrm{Pa}$

$u_1 = 0$ ， $u_2 = \dfrac{60}{3600 \times \dfrac{\pi}{4} \times 0.1^2} = 2.12\,(\mathrm{m/s})$

$h_f = 5.73\,\mathrm{m}$

代入求得

$$H = \frac{49050}{1000 \times 9.81} + \frac{2.12^2}{2 \times 9.81} + 5.73 - 3 = 7.96\,(\mathrm{m})$$

则

$$N = HgW_s = 7.96 \times 9.81 \times \frac{60}{3600} \times 992 = 1291\,(\mathrm{W}) \approx 1.3\,\mathrm{kW}$$

 思考与练习

1. 伯努利方程（　　　）

　　A. 为流体流动的总能量衡算式

　　B. 既能用于流体的稳定流动，也能用于流体的不稳定流动

　　C. 表示稳定流动时，流体在任一截面上各种机械能的总和为常数

　　D. 能反映流体自然流动的方向

2. 应用伯努利方程时，错误的是（　　　）

　　A. 单位必须统一

　　B. 截面与基准水平面可任意选取

　　C. 液面很大时，流速可取为零

　　D. 用压头表示能量的大小时，应说明是哪一种流体

3. 下列说法正确的是（　　　）

A. 伯努利方程不能表示静止流体内部能量转化与守恒的规律

B. 流体作用在单位面积上的压力，称为静压强

C. 可以用液柱高度表示压力的大小

D. 在静止、连通的流体中，处于同一水平面上各点的压力均相等

4. 如图 1-22 所示，用玻璃虹吸管将硫酸从贮槽中吸出，硫酸的液面恒定不变，液面距虹吸管出口的垂直距离为 0.4 m，求硫酸在出口内侧的流速。

5. 如图 1-23 所示，高位槽内水面离地面 10 m，水稳态从 $\phi 108 m\times 4 mm$ 到导管中流出，导管出口离地面 2 m，管路阻力损失为 73.04 J/kg，试计算：

（1）A—A′截面处的流速。

（2）水的流量，以 m³/h 计。

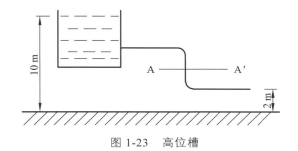

图 1-22　用虹吸管吸取硫酸　　　　　　　　　　图 1-23　高位槽

 知识链接

流体的流动型态

在化工生产中，流体输送、传热、传质过程及操作等都与流体的流动状态有密切关系，因此有必要了解流体的流动型态及在圆管内的速度分布。

一、流动类型的划分

流体流动时，不同的流动条件可以出现两种截然不同的流动型态，即层流和湍流（表 1-2）。

表 1-2　雷诺实验和两种流动型态

流动型态	实验现象	质点运动特点	速度分布	举例
层流	实验装置如图 1-24，设贮水槽中液位保持恒定，当管内水的流速较小时，着色水在管内沿轴线方向成一条清晰的细直线，如图 1-25（a）所示	流体质点沿管轴方向做直线运动，分层流动，又称滞流	层流时其速度分布曲线呈抛物线形，如图 1-26 所示。管壁处流速为零，管中心处流速最大，平均流速 $u = 0.5u_{\max}$	管内流体的低速流动、高黏度液体的流动、毛细管和多孔介质中的流体流动等

续表

流动型态	实验现象	质点运动特点	速度分布	举例
过渡状态	开大调节阀，水流速度逐渐增至某一定值时，可以观察到着色细流开始呈现波浪形，但仍保持较清晰的轮廓，如图 1-25（b）所示	过渡状态不是一种独立的流动型态，介于层流与湍流之间，可以看成是不完全的湍流，或不稳定的层流，或者是两者交替出现，随外界条件而定，受流体流动干扰的控制		
湍流	再继续开大阀门，可以观察到着色细流与水流混合，当水的流速再增大到某值以后，着色水一进入玻璃管即与水完全混合，如图 1-25（c）所示	流体质点除沿轴线方向做主体流动外，还在各个方向有剧烈的随机运动，又称紊流	湍流时其速度分布曲线呈不严格抛物线形，管中心附近速度分布较均匀，如图 1-27 所示.平均流速 $u = 0.82u_{max}$	工程上遇到的管内流体的流动大多为湍流

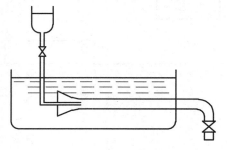

图 1-24　雷诺实验装置示意图

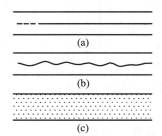

(a)

(b)

(c)

图 1-25　雷诺实验结果比较

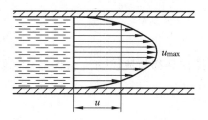

图 1-26　层流时圆管内的速度分布

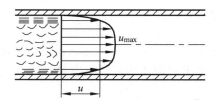

图 1-27　湍流时圆管内的速度分布

二、流体流动型态的判定

1. 雷诺准数

为了确定流体的流动型态，雷诺通过改变实验介质、管材及管径、流速等条件，做了大量的实验，并对实验结果进行了归纳总结。流体的流动型态主要与流体的密度 ρ、黏度 μ、流速 u 和管内径 d 等因素有关，并可以用这些物理量组成一个数群，称为雷诺准数（Re），用来判定流动型态。

$$Re = \frac{du\rho}{\mu}$$

（1-21）

雷诺准数无单位。Re 大小反映了流体的湍动程度，Re 越大，流体流动的湍动性越强。计算时只要采用同一单位制下的单位，计算结果都相同。

2. 判据

一般情况下，流体在管内流动时，若 $Re<2000$，流体的流动型态为层流；若 $Re>4000$，流动为湍流；Re 在 $2000 \sim 4000$ 内，为一种过渡状态，可能是层流也可能是湍流。在过渡区域，流动型态受外界条件的干扰而变化，如管道形状的变化、外来的轻微振动等都易促成湍流的发生，在一般工程计算中，$Re>2000$ 可作湍流处理。

【例题 1】

在 20 ℃ 条件下，油的密度为 830 kg/m³，黏度为 3 cp，在圆形直管内流动，其流量为 10 m³/h，管子规格为 ϕ89 mm×3.5 mm，试判断其流动型态。

解：已知 $\rho = 830 \text{ kg/m}^3$，$\mu = 3\text{cp} = 3 \times 10^{-3} \text{ Pa·s}$

$$d = 89 - 2 \times 3.5 = 82（\text{mm}）= 0.082（\text{m}）$$

则

$$u = \frac{q_V}{\frac{\pi}{4}d^2} = \frac{10/3600}{0.785 \times (0.082)^2} = 0.526（\text{m/s}）$$

$$Re = \frac{du\rho}{\mu} = \frac{0.082 \times 0.526 \times 830}{3 \times 10^{-3}} = 1.193 \times 10^4$$

因为 $Re>4000$，所以该流动型态为湍流。

三、湍流流体中的层流内层

当管内流体做湍流流动时，管壁处的流速为零，靠近管壁处的流体薄层速度很慢，仍然保持层流流动，这个薄层称为层流内层。层流内层的厚度随雷诺准数 Re 的增大而减薄，但不会消失。层流内层的存在，对传热与传质过程都有很大的影响。

湍流时，自层流内层向管中心推移，速度渐增，存在一个流动型态既非层流又非湍流的区域，这个区域称为过渡层或缓冲层；再往管中心推移才是湍流主体。可见，流体在管内做湍流流动时，横截面上沿径向分为层流内层、过渡层和湍流主体三部分。

任务七　认识离心泵

 任务引入

在化工生产过程中，流体输送机械有很多种类型，如离心泵、旋涡泵、往复泵、隔膜泵、计量泵、柱塞泵、齿轮泵、螺杆泵、轴流泵等，其中最常用的就是离心泵。它是如何工作的？它的性能、结构如何？这就是在本次任务中应该学习和掌握的内容。

任务分析

通过对离心泵的学习，掌握离心泵的结构及工作原理，熟悉它在化工生产中的作用并能够正确操作离心泵。

 相关知识

一、离心泵的作用

化工生产中根据生产的要求，常常要将流体从低处送往高处，或者通过管路将流体进行远距离输送。由于流体在流动过程中会损失部分能量，为了达到输送目的，就需要给流体补充能量，这种为流体补充能量的机械设备称为流体输送机械，其中输送液体的机械通常称为泵，离心泵是液体输送机械中最常用的一种。

二、离心泵的外形与结构

如图 1-28 展示的是离心泵与电机配套的装置。从外形上看，离心泵与电机的大小差不多。那么离心泵是由哪些部件组成的呢？下面介绍它的基本部件和构造（图 1-29）。

图 1-28　离心泵的外形

图 1-29　离心泵的结构

由图 1-29 可以看出，离心泵的主要部件有叶轮、泵壳、底阀、调节阀、吸入管和排出管。

1. 叶轮

叶轮是离心泵的核心部件，其作用主要是将电动机的机械能传给液体，使液体的动能增大。
（1）根据其结构不同，叶轮可以分为闭式、半闭式、开式三种（图 1-30）。
闭式叶轮：叶片的内侧带有前后盖板，适用于输送干净流体，效率较高。
开式叶轮：没有前后盖板，适合输送含有固体颗粒的液体悬浮物。
半闭式叶轮：只有后盖板，可用于输送浆料或含固体悬浮物的液体，效率较低。
（2）按吸液方式不同，叶轮可分为单吸式和双吸式叶轮（图 1-31）。
单吸式叶轮：液体只能从叶轮一侧被吸入，结构简单。

双吸式叶轮：相当于两个没有盖板的单吸式叶轮背靠背并在一起，可以从两侧吸入液体，具有较大的吸液能力，而且可以较好地消除轴向推力。

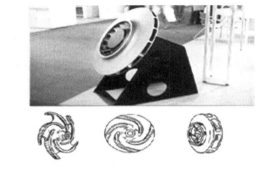

图 1-30 叶轮的结构

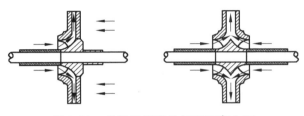

图 1-31 单级单吸和单级双吸离心泵

2. 泵壳

泵壳的形状像蜗牛，因此又称为蜗壳（图 1-32）。它的作用主要是汇集液体，作为导出液体的通道。仔细观察会发现，这种蜗壳的通道空间是逐渐扩大的。当液体从叶轮的中心进入后，沿着高速旋转的叶轮被甩入蜗壳通道，这时液体具有很高的流速，进入蜗壳通道后空间逐渐扩大，液体的流速逐渐减小。在流速的变化过程中，流体的动能转化成静压能，当液体从排出口流出时就具有较大的静压能，或者说液体从离心泵的运转过程中获得了能量。

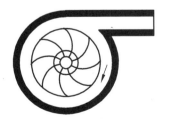

图 1-32 泵壳

3. 轴封装置

为了防止高压液体从泵壳内沿轴的四周漏出，或者外界空气漏入泵壳内，离心泵内需采用轴封装置。主要分为填料密封和机械密封（端面密封）两种。

填料密封：主要由填料函壳、软填料和填料压盖组成，普通离心泵采用这种密封（图 1-33 ）。

机械密封（端面密封）：主要由装在泵轴上随之转动的动环和固定于泵壳上的静环组成，两个环形端面由弹簧的弹力互相贴紧而做相对运动，起到密封作用（图 1-34 ）。

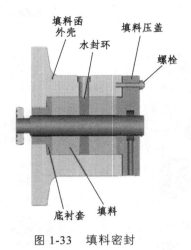

图 1-33 填料密封

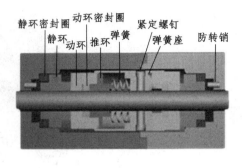

图 1-34 机械密封

三、离心泵的工作原理

离心泵送液过程如图 1-35 所示，通常在泵的进水管底部装有一个单向底阀，可以过滤液体中的杂质，在出水管装有流量调节阀，用来调节流量。

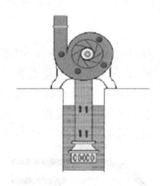

图 1-35 离心泵的工作原理

启动泵前泵壳内要充满被输送的液体，当原动机带动叶轮旋转时，叶轮内的液体受离心力的作用抛向外缘，液体的流速和压力都有增加，进入逐渐变宽的壳体通道后，液体的部分动能又转化为静压能而以较高压力进入压出导管，被输送到所需管路系统。液体被叶轮抛出后，在叶轮中央形成真空，在储槽压力作用下液体被压入泵内，然后经过泵壳内的通道由出水管排出。流量的大小可以通过调节阀进行调节。

气缚现象：从离心泵的工作过程来看，如果离心泵在启动前泵内和吸入管内没有充满液体，存在空气时，叶轮旋转后，密度极小的空气所受离心力很小，不能被排出，使叶轮中央的负压太小而不足以吸入液体，叶轮空转，这种现象称为气缚现象。所以，在泵启动前应灌液，以保证离心泵正常运转。

为防止泵轴与泵壳处漏液或漏入空气，必须采用填料密封或机械密封。

离心泵的特点是结构简单，流量均匀，可用耐腐蚀材料制造，易于调节和控制，输出的压力不太高，但有较大的流量，维修较方便且费用较低；但不宜输送高黏度液体。

四、离心泵的性能和特性曲线

在离心泵的铭牌上标注了由泵生产厂测定出的性能参数，如流量、扬程、轴功率、效率、转数和气蚀余量等。

1. 流量（又称送液能力）

泵在单位时间内输送的液体量，常用体积流量 Q 表示，单位 m^3/h。其大小主要取决于泵的结构、尺寸（叶轮直径和流道尺寸）及转速等。

2. 扬程（又称为压头）

离心泵对单位重量流体所提供的有效机械能，用 H 表示，其单位为 m。离心泵铭牌上的扬程是离心泵在额定流量下的扬程。离心泵的扬程与离心泵的结构、尺寸、转速和流量有关。通常流量越大，扬程越小。扬程可以用外加功换算得到，换算公式为 $H=W/g$。

3. 轴功率

泵在运转时从原动机所获得的功率，用 N_a 表示，其单位为 W 或 J/s。N_a 是选取电动机的依据。离心泵铭牌上的轴功率是离心泵在额定状态下的轴功率。

4. 效率

泵的有效功率与轴功率之比称为效率，用 η 表示。有效功率是指液体经泵后所获得的实际功率，也就是泵对液体所做的净功率，用 N_e 表示，其计算式为 $N_e = QH\rho g$。

5. 转速

转速的单位为 r/min。一般离心泵的转速都是 2900 r/min。

6. 离心泵的特性曲线

离心泵的特性曲线是指泵的主要性能参数扬程 H、轴功率 N_a、效率 η 与流量 Q 的关系曲线。泵的制造厂将特性曲线附在说明书中，供使用者选泵和操作时参考。

图 1-36 为 IS100-80-125 型离心泵的特性曲线，此曲线随转速而变。各种不同型号的离心泵都有独特的特性曲线，但它们具有共同的特点。

（1）H-Q 曲线：表示泵的压头与流量的关系。离心泵的压头普遍随流量的增大而下降（流量很小时可能有例外）

（2）N_a-Q 曲线：表示泵的轴功率与流量的关系。离心泵的轴功率随流量的增加而上升，流量为零时轴功率最小。故离心泵启动时，应关闭出口阀，使启动电流最小，以保护电机。

（3）η-Q 曲线：表示泵的效率与流量的关系。随着流量的增大，泵的效率上升并达到一个最大值；流量再增大，效率反而下降。

离心泵在一定转速下有一最高效率点。离心泵在与最高效率点相对应的流量及压头下工作最为经济。

与最高效率点所对应的 Q、H、N 值称为最佳工况参数。离心泵的铭牌上标明的就是该泵在运行时最高效率点的状态参数。

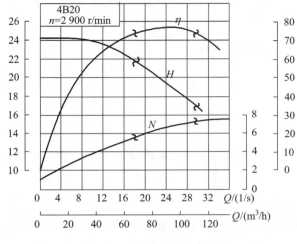

图 1-36 离心泵的特性曲线

注意：在选用离心泵时，应使离心泵在最高效率点附近工作。一般要求操作时的效率应不低于最高效率的 92%。

五、离心泵的安装高度

1. 汽蚀现象

离心泵的吸液是靠液面与吸入口之间的压差完成的。当液面压力一定时，泵安装得越高，则吸入口处的压力就越小。当吸入口的压力小于操作条件下被输送液体的饱和蒸气压时，液体将会汽化产生气泡，含有气泡的液体进入泵体后，在离心力的作用下，被甩入蜗壳的高压区，气泡在高压作用下破碎，气泡破碎空出的位置造成局部真空，周围液体在高压作用下高速进入原气泡所占的空间。这种高速冲击频率很高，可以达到每秒几千次，冲击压力可以达到数百个大气压甚至更高，这种高强度高频率的冲击，轻者造成叶轮疲劳，重者则可以破坏叶轮与泵壳，甚至能把叶轮打成蜂窝状。我们把这种因为被输送液体在泵体内汽化再液化的现象叫做离心泵的汽蚀现象。汽蚀现象发生时，会产生噪声和引起振动，流量、扬程及效率均会迅速下降，严重时不能吸液。工程上当扬程下降 3% 时，就认为进入了汽蚀状态。

2. 安装高度

离心泵的安装高度也就是泵的吸入高度，即储水槽液面至泵入口中心的垂直距离。离心泵的汽蚀现象与安装高度有很大的关系，安装高度过高，发生汽蚀现象的可能性就大。因此避免汽蚀现象的方法就是限制泵的安装高度，以保证离心泵在运转时泵入口处的压力大于液体的饱和蒸气压，避免出现液体的汽化现象。我们把避免离心泵出现汽蚀现象的最大安装高度称为离心泵的允许安装高度，也叫允许吸收高度。

离心泵的允许安装高度计算式：

$$H_g = \frac{p_0 - p_s}{\rho g} - \Delta h - \sum H_{f,0\text{-}1}$$

式中 H_g——允许安装高度，m；

         p_0——吸入液面压力，Pa；

         p_s——操作温度下液体的饱和蒸气压，Pa；

         ρ——液体的密度，kg/m³；

         Δh——允许汽蚀余量，m；

         $\sum H_{f,0-1}$——液体自贮槽液面至离心泵入口处的阻力损失，m。

为使离心泵运行可靠，实际安装高度还应比计算值低 0.5 ~ 1 m。

📋 任 务 实 施

通过上面的介绍，我们对离心泵有了一定的认识了，那么在实际生产中我们应该如何选择合适的离心泵类型呢？下面我们就一起来完成这个任务。

一、离心泵的类型

离心泵的类型和规格较多，都用拼音字母和数字组成代号来表示，可查有关的说明。常用离心泵的类型和系列代号如下。

1. IS 型

为单级单吸离心泵。用于输送清水和类似清水的其他液体。其优点是结构可靠、振动小、噪音低、效率较高。输送介质温度不超过 80 ℃，全系列流量范围 6.3 ~ 400 m³/h，扬程范围 5 ~ 125 m，转速为 2900 r/min 和 1450 r/min。

以 IS 80-65-160 为例说明其型号表示。

IS——单级单吸离心泵；

80——泵入口直径，mm；

65——泵出口直径，mm；

160——泵叶轮的名义直径，mm。

2. D 型

为单吸多级离心泵（离心泵的级数就是它串联的叶轮数）。用于输送不超过 80 ℃ 的清水和类似清水的液体。它是一组流量小、扬程高的泵，级数越多，扬程越高。全系列有 2-12 级。

3. S 型

为单级双吸离心泵。用于输送不超过 80 ℃ 的清水和类似清水的液体。这类泵的流量大，有两个吸入口。

4. F 型

为单级单吸耐腐蚀离心泵，F 后的字母表示结构材料。用于输送-20 ~ 105 ℃ 不含固体颗粒的有腐蚀性的液体。流量范围 2 ~ 40 m³/h，扬程范围 15 ~ 105 m。

5. Y 型

为离心油泵。用于输送不含固体颗粒的石油产品，温度-20 ~ 400 ℃，流量范围 2 ~

600 m³/h，扬程范围 32 ~ 200 m。

二、离心泵的选用

选择离心泵时，一般按下列步骤进行。

（1）选择离心泵的类型　根据被输送液体的性质和操作条件，是否含有固体颗粒及腐蚀性，决定泵的类型或结构材料。

（2）确定流量和所需外加压头　根据输送的管路系统和生产任务，确定流量及所需外加压头。流量在一定范围内变动时，应以最大流量为准。外加压头用伯努利方程式计算。

（3）选泵的具体型号规格　按已选择的泵的类型和已确定的流量和外加压头，查泵的产品目录。所选泵的流量和扬程可略大一些，可取计算值的 1.05 ~ 1.1 倍，但要注意所选的泵应在最高效率左右工作。选定后应列出该泵的各种性能参数。当输送液体的密度大于水的密度时，要核算轴功率，以确定电机的功率。

 思考与练习

1. 液体通过离心泵获得能量，使液体在离开离心泵后静压能增大，这部分增加的能量是由＿＿＿＿＿转化而来的。

2. 离心泵在工作时能够从低位将液体吸入，这是因为叶轮开始旋转后，在叶轮中心处产生了＿＿＿＿区，由此形成的压力差将液体吸入。

3. 离心泵的选择没有一定的标准，最合适的就是最好的，因为我们无法提供更多的实际条件，所以你的选择一定有你的考虑，请把它们写在下面，你会体会到许多知识的综合运用。

选择清水式离心泵的几点想法：

任务八　认识其他类型的泵

 任务引入

在流体输送过程中，除了离心泵以外还有很多其他类型的泵，不同的泵根据各自的特点运用于不同的情况。下面就让我们一起来认识下其他类型的泵。

 任务分析

通过学习各种类型的泵，了解它们的工作原理及特点，并会根据实际情况选择合适类型的泵。

相关知识

一、往复泵

1. 往复泵的结构（图 1-37）

往复泵是一种容积式泵，它依靠做往复运动的活塞依次开启吸入阀和排出阀，从而吸入和排出液体。泵的主要部件有泵缸、活塞、活塞杆、吸入单向阀和排出单向阀。活塞经传动机械在外力作用下在泵缸内做往复运动。活塞与单向阀之间的空隙称为工作室。

2. 工作原理（图 1-38）

当活塞自左向右移动时，工作室的容积增大，形成低压，贮池内的液体经吸入阀被吸入泵缸内，排出阀受排出管内液体压力作用而关闭。当活塞移到右端时，工作室的容积最大。

活塞由右向左移动时，泵缸内液体受挤压，压强增大，使吸入阀关闭而推开排出阀，将液体排出。活塞移到左端时，排液完毕，完成了一个工作循环，此后开始另一个循环。

活塞从左端点到右端点的距离叫行程或冲程。

活塞在往复一次中，只吸入和排出液体各一次的泵，称为单动泵。由于单动泵的吸入阀和排出阀均装在活塞的一侧，吸液时不能排液，因此排液不是连续的。

为了改善单动泵流量的不均匀性，多采用双动泵或三联泵。

往复泵的工作原理与离心泵不同，具有以下特点：

（1）往复泵的流量只与泵本身的几何形状和活塞的往复次数有关，而与泵的压头无关。无论在什么大小的压头下工作，只要往复一次，泵就排出一定的液体。

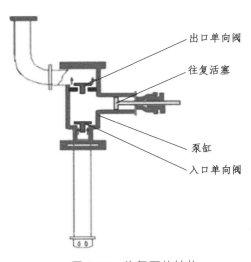

图 1-37　往复泵的结构

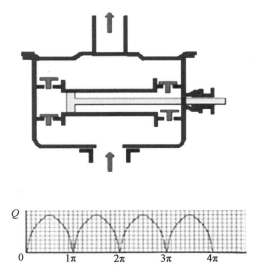

图 1-38　多级往复泵工作原理

（2）往复泵的压头与泵的几何尺寸无关，只要泵的机械强度及原动机的功率允许，输送系统要求多高的压头，往复泵就能提供多大的压头。

（3）往复泵的吸上真空度随泵安装地区的大气压强、输送液体的性质和温度而变，所以往复泵的吸上高度有一定的限制。但往复泵的低压是靠工作室的扩张来形成的，所以在开动之前，泵内无须充满液体，往复泵有自吸作用。

（4）往复泵不能简单地用排出管路阀门来调节流量，一般采用回路调节。往复泵适用于小流量、高压强的场合，输送高黏度液体时的效果也比离心泵好；但不能输送腐蚀性液体和含固体颗粒的悬浮液。

二、计量泵

计量泵是往复泵的一种（图 1-39）。通过偏心轮把电机的旋转运动变成柱塞的往复运动。偏心轮的偏心距离可以调整，柱塞的冲程随之改变，这样就达到控制和调节流量的目的。

图 1-39　计量泵

三、旋转泵

旋转泵靠泵内一个或多个转子的旋转来吸入或排出液体，又称转子泵。

1. 齿轮泵（图 1-40）

泵壳内有两个齿轮，一个用电机带动旋转，另一个被啮合着向相反方向旋转。吸入腔内两轮的齿互相拨开，形成低压而吸入液体，被吸入的液体被齿嵌住，随齿轮转动而达到排出腔，排出腔内两轮的齿互相合拢，形成高压而排出液体。

齿轮泵可以产生较高的压头，但流量较小，用于输送黏稠的液体，但不能输送含颗粒的悬浮液。

图 1-40　齿轮泵

2. 螺杆泵（图 1-41）

螺杆泵分为单螺杆泵、双螺杆泵、三螺杆泵、五螺杆泵等。

螺杆泵的工作原理与齿轮泵十分相似，利用两根相互啮合的螺杆来输送液体。

螺杆泵的压头高、效率高、无噪音，适用于高黏度液体的输送。

图 1-41　螺杆泵

3. 旋涡泵（图 1-42）

旋涡泵是一种特殊类型的离心泵，它由叶轮和泵体组成。叶轮是一个圆盘，四周由凹槽构成的叶片呈辐射状排列。叶轮在泵壳内转动，其间有引水道，吸入管接头和排出管接头之间为间壁，间壁与叶轮只有很小的缝隙，用来分隔吸腔和排出腔。泵内液体在随叶轮旋转的同时，又在引水道与各叶片间做旋涡形运动，因而，液体被叶片拍击多次，获得较多的能量。液体在叶片与引水道之间的反复迂回是靠离心力的作用，因此，旋涡泵在开动前也要灌满液体。旋涡泵适用于要求输送量小、压头高而黏度不大的液体。

图 1-42　旋涡泵

 任务实施

请根据所学内容完成表 1-3：

表 1-3　各种泵的工作原理及特点

	往复泵	齿轮泵	螺杆泵	旋涡泵
原理				
特点				

任务九　认识化工管路

 任务引入

管路是化工生产中不可缺少的部分，它对于生产来说就像人体的"血管"一样。物料的输送、设备与设备之间或者从一个车间到另一个车间的物料流动，都要靠管路来实现。在化工生产中，只有管路畅通，阀门调节得当，才能保证各车间及整个工厂生产的正常进行。因此，了解化工管路的构成是非常重要的。

 任务分析

通过学习管路的相关知识，了解管路的分类、构成。

 相关知识

一、管路的分类

化工生产过程中的管路通常以是否分出支管来分类，见表1-4。

表1-4 管路的分类

类　型		结　　构
简单管路	单一管路	单一管路是指直径不变、无分支的管路，如图1-43（a）所示
	串联管路	虽无分支但管径多变的管路，如图1-43（b）所示
复杂管路	分支管路	流体由总管分流到几个分支，各分支出口不同，如图1-44（a）所示
	并联管路	分支最终又汇合到总管，如图1-44（b）所示

对于重要管路系统，如全厂或大型车间的动力管线（包括蒸气、煤气、上水及其他循环管道等），一般均应按并联管路铺设，以有利于提高能量的综合利用，减少因局部故障所造成的影响。

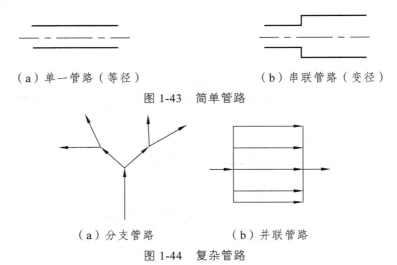

（a）单一管路（等径）　　　　　　（b）串联管路（变径）

图1-43 简单管路

（a）分支管路　　　　　　（b）并联管路

图1-44 复杂管路

二、管路的基本构成

管路是由管子、管件和阀门等按一定的排列方式构成的，也包括一些附属于管路的管架、管卡、管撑等辅件。由于生产中输送的流体是各种各样的，输送条件与输送量也各不相同，管路必然也是各不相同的。工程上为了避免混乱，方便制造与使用，实现了管路的标准化。书后附录摘录了部分管材的规格。

管子是管路的主体，由于生产系统中的物料和所处工艺条件各不相同，所以用于连接设备和输送物料的管子除需满足强度和通过能力的要求外，还必须满足耐温、耐压、耐腐蚀以及导热等性能的要求。根据所输送物料的性质（如腐蚀性、易燃性、易爆性等）和操作条件（如温度、压力等）来选择合适的管材，是化工生产中经常遇到的问题之一。

1. 化工管材

管材通常按制造管子所使用的材料来进行分类，可分为金属管、非金属管和复合管，其中以金属管占绝大多数。复合管指的是金属与非金属两种材料组成的管子。最常见的化工管材见表 1-5。

表 1-5　常见的化工管材

种类及名称			结构特点	用途
金属管	钢管	有缝钢管	有缝钢管是用低碳钢焊接而成的，又称为焊接管。易于加工制造、价格低。主要有水管和煤气管，分镀锌管和黑铁管（不镀锌管）两种	目前主要用于输送水、蒸气、煤气、腐蚀性低的液体和压缩空气等。因为有焊缝而不适宜在 0.8 MPa（表压）以上的压力条件下使用
		无缝钢管	无缝钢管是用棒料钢材经穿孔热轧或冷拔制成的，它没有接缝。用于制造无缝钢管的材料主要有普通碳钢、优质碳钢、低合金钢、不锈钢和耐热铬钢等。无缝钢管的特点是质地均匀、强度高、管壁薄，少数特殊用途的无缝钢管的壁厚也可以很厚	能用于在各种压力和温度下输送流体，广泛用于输送高压、有毒、易燃易爆和强腐蚀性流体等
	铸铁管		有普通铸铁管和硅铸铁管。铸铁管价廉而耐腐蚀，但强度低，气密性也差，不能用于输送有压力的蒸气、爆炸性及有毒性气体等	一般作为埋在地下的给水总管、煤气管及污水管等，也可以用来输送碱液及浓硫酸等
	有色金属管	铜管与黄铜管	由紫铜或黄铜制成。导热性好、延展性好，易于弯曲成型	适用于制造换热器的管子；用于油压系统、润滑系统输送有压液体；铜管还适用于低温管路；黄铜管在海水管路中也广泛使用
		铅管	铅管因抗腐蚀性好，能抗硫酸及 10% 以下的盐酸，其最高工作温度是 413 K。由于铅管机械强度差、性软而笨重、导热能力小，目前正被合金管及塑料管所取代	主要用于硫酸及稀盐酸的输送，但不适用于浓盐酸、硝酸和乙酸的输送
		铝管	铝管也有较好的耐酸性，其耐酸性主要由其纯度决定，但耐碱性差	广泛用于输送浓硫酸、浓硝酸、甲酸和醋酸等。小直径铝管可以代替铜管来输送有压流体。当温度超过 433 K 时，不宜在较高的压力下使用
非金属管			非金属管是用各种非金属材料制作而成的管子的总称，主要有陶瓷管、水泥管、玻璃管、塑料管和橡胶管等。塑料管的用途越来越广，很多原来用金属管的场合逐渐被塑料管代替	

2. 管件

管件是用来连接管子以达到延长管路、改变管路方向或直径、分支、合流或封闭管路的附件的总称。最基本的管件如图 1-45 所示，其用途有如下几种。

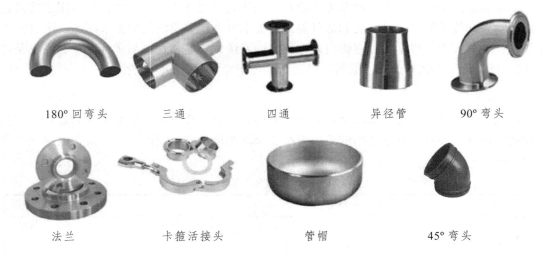

| 180° 回弯头 | 三通 | 四通 | 异径管 | 90° 弯头 |

| 法兰 | 卡箍活接头 | 管帽 | 45° 弯头 |

图 1-45　常用管件

（1）用以改变流向：90° 弯头、45° 弯头、180° 回弯头等。

（2）用以堵截管路：管帽、丝堵（堵头）、盲板等。

（3）用以连接支管：三通、四通。有时三通也用来改变流向，多余的一个通道接头用管帽或盲板封上，在需要时打开再连接一条分支管。

（4）用以改变管径：异径管、内外螺纹接头（补芯）等。

（5）用以延长管路：管箍（束节）、螺纹短节、活接头、法兰等。法兰多用于焊接连接管路，而活接头多用于螺纹连接管路。在闭合管路上必须设置活接头或法兰，尤其是在需要经常维修或更换的设备、阀门附近必须设置，因为它们可以就地拆开、就地连接。

3. 阀门

阀门是用来启闭和调节流量及控制安全的部件。通过阀门可以调节流量、系统压力及流动方向，从而确保工艺条件的实现与安全生产。化工生产中所用的阀门种类繁多，常用的有以下几种（表 1-6）。

表 1-6　常见阀门

名称	结构特点	用途
闸阀	主要部件为一闸板，通过闸板的升降以启闭管路。这种阀门全开时流体阻力小，全闭时较严密，如图 1-46（a）	多用于大直径管路上作为启闭阀，在小直径管路中也有用作调节阀的。不宜用于含有固体颗粒或物料易于沉积的流体，以免引起密封面的磨损和影响闸板的闭合
截止阀	主要部件为阀盘与阀座，流体自下而上通过阀座，其构造比较复杂，流体阻力较大，但密闭性与调节性能较好，如图 1-46（b）	不宜用于黏度大且含有易沉淀颗粒的介质

续表

名称	结构特点	用途
止回阀	一种根据阀前、后的压力差自动启闭的阀门，其作用是使介质只做一定方向的流动。它分为升降式和旋启式两种。升降式止回阀密封性较好，但流动阻力大；旋启式止回阀用摇板来启闭。安装时应注意介质的流向与安装方向。如图 1-46（c）	止回阀一般适用于清洁介质
球阀	阀芯呈球状，中间为一与管内径相近的连通孔，结构比闸阀和截止阀简单，启闭迅速，操作方便，体积小，重量轻，零部件少，流体阻力也小。如图 1-46（d）	适用于低温、高压及黏度大的介质；但不宜用于调节流量
旋塞阀	其主要部分为一可转动的圆锥形旋塞，中间有孔，当旋塞旋转至 90º 时，流动通道即全部封闭，需要较大的转动力矩。如图 1-46（e）	温度变化大时容易卡死，不能用于高压
安全阀	是为了管道设备的安全保险而设置的截断装置，它能根据工作压力而自动启闭，从而将管道设备的压力控制在某一数值以下，从而保证其安全。如图 1-46（f）	主要用在蒸汽锅炉及高压设备上

（a）闸阀　　　　　　（b）截止阀　　　　　　（c）止回阀

（d）球阀　　　　　　（e）旋塞阀　　　　　（f）全启式安全阀

图 1-46　常见阀门

活动建议

　　进行现场教学，让学生到实训基地或工厂去观察化工管路、管件及阀门等实物。除了教材中介绍的部件之外，如阀门还有隔膜阀、蝶阀、疏水阀及减压阀等，了解其构造与作用。

任务十　流体输送实训操作训练

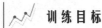 **训练目标**

该套装置模拟工艺生产系统，设置流量比值调节系统，训练学生实际化工生产的操作能力，实现流体输送。

记忆：（1）流体输送系统工艺流程；

（2）该装置中各个设备的名称及作用；

（3）主要阀门的名称和位置（表1-8）。

理解：（1）流体输送实训原理；

（2）离心泵的工作原理及其内部构造；

（3）离心泵的气缚现象。

运用：根据所掌握的专业理论知识，完成流体输送各个项目的操作运行。

（1）灌泵操作；

（2）单泵输送操作；

（3）1#泵与2#泵的串、并联操作；

（4）2#泵出现故障时的联锁投运操作；

（5）真空输送操作；

（6）高位槽向吸收塔送液操作；

（7）锻炼学生判断和排除故障的能力。

训练准备

了解离心泵的结构、特性及基本原理。

实训操作步骤

一、各项工艺操作指标

压力控制：离心泵进口压力：-15 ~ -6 kPa；

1#泵单独运行时出口压力：0.15 ~ 0.27 MPa；

两台泵串联时出口压力：270 ~ 530 kPa；

压降范围：光滑管阻力压降：0 ~ 7 kPa（流量为 0 ~ 3 m^3/h 时）；

局部阻力管阻力压降：0 ~ 22 kPa（流量为 0 ~ 4 m^3/h 时）；

流体流量：2～7 m³/h；

液位控制：合成器液位：≤300 mm。

实训操作之前，应仔细阅读实验装置操作规程，以便完成实训操作。

注：开车前应检查所有设备、阀门、仪表所处状态。

二、开车前准备

（1）由相关操作人员组成装置检查小组，对本装置所有设备、管道、阀门、仪表、电气、照明、分析、保温等按工艺流程图要求和专业技术要求进行检查。

（2）检查所有仪表是否处于正常状态。

（3）检查所有设备是否处于正常状态。

（4）试电：

① 检查外部供电系统，确保控制柜上所有开关均处于关闭状态。

② 开启外部供电系统总电源开关。

③ 打开控制柜上空气开关（33）（QF1）。

④ 打开空气开关（10）（QF2），打开仪表电源开关（8）。查看所有仪表是否上电，指示是否正常。

（5）加装实训用水：

关闭原料水槽排水阀（VA27），原料水槽加水至浮球阀关闭，关闭自来水。

（6）灌泵：

灌液排气，防止气缚现象的发生，打开 VA01、VA02 灌 1#泵，打开 VA07、VA08 灌 2#泵，直到管内无空气。

三、输送过程

1. 流体输送

（1）单泵实验（1#泵）：启动 1#泵，开 1#泵出口阀 VA03，打开高位槽放空阀 VA11，缓慢打开流量调节阀 VA10 至 4 m³/h，待液位达到 150 mm 时，打开高位槽出口流量手动调节阀 VA14 及高位槽回流阀 VA13，调节流量调节阀 VA10，稳定高位槽液位为（150±1）mm，维持 2 min，并记录相应数据。

注意：离心泵的进出口压力大小不能超出压力表的量程范围（泵进口压力：-0.01～-0.05 MPa；泵出口压力：0～0.15 MPa）。

（2）双泵并联操作：

① 启动 1#泵，开 1#泵出口阀 VA03，稍开流量调节阀 VA10。

② 开 2#泵进口阀 VA06，启动 2#泵，逐渐打开 2#泵出口阀 VA09。

③ 调节流量调节阀 VA10 为 4 m³/h，待液位达到 150 mm 时，打开高位槽出口流量手动调节阀 VA14 及高位槽回流阀 VA13，调节流量调节阀 VA10，稳定高位槽液位为（150±1）mm，维持 2 min，并记录相应数据。

注意：双泵并联运行时应通过控制泵出口阀调节泵的进口压力相近。

（3）双泵串联操作：

① 动 1# 泵，开双泵串联支路阀 VA04。

② 启动 2# 泵，逐渐打开 2# 泵出口阀 VA09。

③ 打开流量调节阀 VA10，调节液体流量为 4 m³/h，待液位达到 150 mm 时，打开高位槽出口流量手动调节阀 VA14 及高位槽回流阀 VA13，调节流量调节阀 VA10，稳定高位槽液位为（150±1）mm，维持 2 min，并记录相应数据。

（4）泵的联锁投运：

① 联锁投运，启动 2# 泵至正常运行后，稳定液位维持 2min。

② 设定好 2# 泵出口压力报警下限值，逐步关闭 2# 泵进口阀 VA06，检查泵运转情况。

③ 当 2# 泵有异常声音产生、进口压力低于下限时，操作台发出报警，同时联锁启动：1# 泵自动启动，2# 泵自动跳闸停止运转。此时打开 1# 泵出口阀 VA03，关闭 2# 出口阀 VA09。

④ 保证流体输送系统的正常稳定进行，维持 2 min，并记录相应数据。

注意：当单泵无法启动时，应停止 2# 泵，检查联锁是否处于投运状态。

（5）真空输送操作，在离心泵处于停车状态下进行：

① 关闭合成器顶部放空阀 VA32，关闭高位槽出口流量手动调节阀 VA14，关闭高位槽出口流量电动调节阀 VA15。

② 打开合成器液位控制旁路手动阀 VA26。

③ 打开合成器顶部抽真空阀 VA33，启动真空泵。

④ 当合成器内液位达到 200 mm 时，控制合成器内液位≤300 mm，并停止真空泵。

⑤ 用阀门 VA33 调节合成器内真空度≥-0.05 MPa，并保持稳定。

（6）高位槽向吸收塔输送液体

① 检查并向高位槽内输送物料至液位为 180 mm（输送方式可选择单泵输送、双泵并联、双泵串联操作）。

② 打开高位槽出口流量手动调节阀 VA14，打开高位槽出口流量电动调节阀 VA15 及合成器液位控制电动调节阀 VA24，液体经高位槽流入合成器，回到原料水槽，并稳定合成器液位为（100±1）mm。

四、停车

（1）按操作步骤分别停止所有运转设备。

（2）打开阀 VA13、VA14、VA26，将高位槽 V102、反应器 T101 中的液体排空至原料水槽 V101。

（3）检查各设备、阀门状态，做好记录。

（4）关闭控制柜上各仪表开关。

（5）切断装置总电源。

（6）清理现场，做好设备、电气、仪表等的防护工作。

五、紧急停车

遇到下列情况之一，应紧急停车处理：

（1）泵内发出异常的声响；

（2）泵突然发生剧烈振动；

（3）电机电流超过额定值，持续不降；

（4）泵突然不出水；

（5）空压机有异常的声音；

（6）真空泵有异常的声音。

表 1-8　主要阀门一览表

阀门位号	阀门号	阀门名称
VA01	阀门 1	灌泵阀
VA02	阀门 2	排气阀
VA03	阀门 3	1#泵出口阀
VA04	阀门 4	双泵串联旁路阀
VA05	阀门 5	电磁阀故障点
VA06	阀门 6	2#泵进口阀
VA07	阀门 7	2#泵灌泵阀
VA08	阀门 8	2#泵排气阀
VA09	阀门 9	2#泵出口阀
VA10	阀门 10	出口流量调节阀
VA11	阀门 11	高位槽放空阀
VA12	阀门 12	高位槽溢流阀
VA13	阀门 13	高位槽回流阀
VA14	阀门 14	高位槽出口流量手动调节阀
VA15	阀门 15	高位槽出口流量电动调节阀
VA16	阀门 16	局部阻力管高压引压阀
VA17	阀门 17	局部阻力管低压引压阀
VA18	阀门 18	光滑管高压引压阀
VA19	阀门 19	光滑管低压引压阀
VA20	阀门 20	光滑管局部阻力管阀
VA21	阀门 21	光滑管管阀（前阀）
VA22	阀门 22	光滑管管阀（后阀）
VA23	阀门 23	电动调节阀前手动阀
VA24	阀门 24	吸收塔液位控制电动调节阀
VA25	阀门 25	电动调节阀后手动阀
VA26	阀门 26	吸收塔液位控制手动调节旁路阀

续表

阀门位号	阀门号	阀门名称
VA27	阀门 27	原料槽排水阀
VA28	阀门 28	空压机送气阀
VA29	阀门 29	缓冲罐排污阀
VA30	阀门 30	放空阀
VA31	阀门 31	吸收塔气体入口阀
VA32	阀门 32	吸收塔塔顶放空阀
VA33	阀门 33	吸收塔抽真空阀

六、绘制工艺流程图（见附图）

学生自己动手绘制现场工艺流程图，附在实训报告后面。

七. 数据记录表（包括各参数的物理单位）

表 1-9　流体输送实训操作报表

序号	时间	高位槽液位/mm	泵出口流量/(m³/h)	1#泵进口压力/kPa	1#泵出口压力/kPa	2#泵进口压力/MPa	2#泵出口压力/MPa	合成器压力/MPa	高位槽出口流量/(m³/h)	合成器液位/mm	泵功率/kW	泵功率转速	操作记事	异常情况
1														
2														
3														
4														
5														
6														
7														
8														
9														
10														

八、实训注意事项

（1）启动泵前一定要灌泵，防止出现气缚现象。

（2）联锁操作时要先投运，再启动 2#泵。

（3）流量计流量不要开太大，不要超过 6 m³/h。

附图

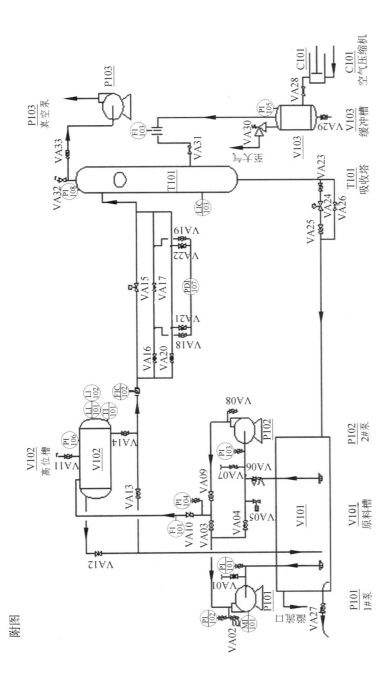

图 1-47 实训装置示意图

任务十一   离心泵单元操作仿真训练

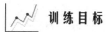 训练目标

（1）了解离心泵的结构与特性，学会离心泵的操作。

（2）掌握离心泵操作中故障的分析、判断及排除。

 训练准备

（1）了解离心泵的结构、特性及基本原理。

（2）掌握计算机控制系统的基本操作。

训练步骤

1. 工艺流程简介

离心泵是化工生产过程中输送液体的常用设备之一，其工作原理是靠离心泵内外压差不断地吸入液体，靠叶轮的高速旋转使液体获得动能，靠扩压管或导叶将动能转化为压力能，从而达到输送液体的目的。来自某一设备约 40 ℃ 的带压液体经调节阀 LV101 进入带压罐 V101，罐液位由液位控制器 LIC101 通过调节 V101 的进料量来控制；罐内压力由 PIC101 分程控制，PV101A、PV101B 分别调节进入 V101 和出 V101 的氮气量，从而保持罐压恒定在 5.05×10^5 Pa（5.0 atm）（表压）。罐内液体由泵 P101A/B 抽出，泵出口流量在流量调节器 FIC101 的控制下输送到其他设备。

2. 工艺流程图（参考流程仿真界面）（图 1-48）

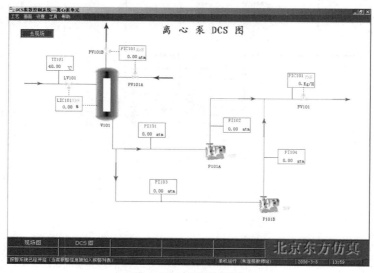

图 1-48   工艺流程图

3. 培训方案（表 1-10）

表 1-10 离心泵培训方案

编号	项目名称	教学目的及重点
1	系统冷态开车操作规程	掌握装置的常规开车操作
2	系统正常操作规程	掌握装置的常规操作
3	系统正常停车操作规程	掌握装置的常规停车操作
4	P101A 泵坏	掌握故障处理操作
5	FIC101 阀卡	掌握故障处理操作
6	P101A 泵入口管线堵	尽快分析原因，恢复进料
7	P101A 泵气蚀	掌握故障处理操作
8	P101A 泵气缚	掌握故障处理操作

4. 操　作

（1）准备工作

①盘车；②核对吸入条件；③调整填料或机械密封装置。

（2）启动泵前准备工作

①灌泵；②排气。

（3）启动离心泵

①启动离心泵；②流体输送；③调整操作参数。

（4）负荷调整

可任意改变泵、按键的开关状态，手操阀的开度及液位调节阀、流量调节阀、分程压力调节阀的开度，观察其现象。

（5）停车操作规程

①V101 罐停进料；②停泵；③泵 P101A 泄液。

 思考与分析

1. 泵 P101A 和泵 P101B 在进行切换时，应如何调节其出口阀 VD04 和 VD08，为什么要这样做？

2. 一台离心泵在正常运行一段时间后，流量开始下降，可能由哪些原因导致？

3. 离心泵出口压力过高或过低应如何调节？

4. 离心泵入口压力过高或过低应如何调节？

拓展型训练（表 1-11）

表 1-11　离心泵事故处理

事故	现象	处理方法
P101A 泵坏	1）P101A 泵出口压力急剧下降 2）FIC101 流量急剧减小	切换到备用泵 P101B： 1）全开 P101B 泵入口阀 VD05，向泵 P101B 灌液，全开排空阀 VD07 排 P101B 的不凝气，当显示标志为绿色后，关闭 VD07 2）灌泵和排气结束后，启动 P101B 3）待泵 P101B 出口压力升至入口压力的 1.5~2 倍后，打开 P101B 出口阀 VD08，同时缓慢关闭 P101A 出口阀 VD04，以尽量减少流量波动 4）待 P101B 进出口压力指示正常，按停泵顺序停止 P101A 运转，关闭泵 P101A 入口阀 VD01，并通知维修工
P101A 泵气蚀	1）P101A 泵入口、出口压力上下波动 2）P101A 泵出口流量波动（大部分时间达不到正常值）	按泵的切换步骤切换到备用泵 P101B
P101A 泵气缚	1）P101A 泵入口、出口压力急剧下降 2）FIC101 流量急剧减小	按泵的切换步骤切换到备用泵 P101B

模块二 非均相物系的机械分离

教学目标

（1）记忆沉降、过滤的基本概念，沉降、过滤的影响因素，非均相混合物的重力沉降、离心沉降的基本原理；

（2）运用非均相物系的性质特点，选择恰当的分离设备解决生产中的实际问题；

（3）理解影响沉降与过滤的各种因素，过滤介质及助滤剂的作用和种类；

（4）理解板框压滤机、转鼓真空过滤机和旋风分离器的基本结构和性能；

（5）理解沉降、过滤的基本概念，沉降、过滤的影响因素；

（6）了解非均相物系的各种分离方法。

技能目标

（1）能够熟练掌握离心机、板框压滤机及转鼓真空过滤机的结构和操作。

（2）学会正确选用分离设备。

（3）运用沉降原理设计降尘室。

　　工业生产中，需要将混合物加以分离的情况很多。例如，原料常要经过提纯或净化（即分离杂质）之后才符合加工要求；自反应器送出的反应产物一般多与尚未反应的物料及副产物混合在一起，需要从其中分离出纯度合格的产品，并将未反应的原料送回反应器或另行处理；生产中的废气、废液在排放前，应将其中所含有害物质尽量除去，以减轻环境污染，并有可能将其资源化。显然，为了实现上述分离目的，必须根据混合物性质的不同而采用不同的方法。

　　通常混合物可分为均相混合物和非均相混合物两大类。由于非均相物系中的连续相和分散相具有不同的物理性质（如密度），故一般可用机械方法将它们分离。要实现这种分离，必须使分散相和连续相之间发生相对运动，因此，非均相物系的分离操作遵循流体力学的基本规律。按两相运动方式的不同，机械分离大致分为沉降和过滤两种操作。

任务一   沉降的基本原理

任务引入

我们知道石头可以沉入水底，家里的桌面很容易积满灰尘，这给我们带来怎样的启迪呢？非均相物系里物质在重力场中所受的作用力不同，下降速度不同。因而可以采取沉降的方法来达到分离的目的。

任务分析

通过以气-固、液-固非均相分离物系为研究对象，掌握重力沉降、离心沉降的基本原理，以及相应的操作过程。

相关知识

在外力作用下，使密度不同的两相发生相对运动而实现分离的操作称为沉降。根据外力的不同，沉降分为重力沉降和离心沉降。

一、重力沉降

重力沉降是分散相颗粒在重力作用下，与周围流体发生相对运动，并实现分离的过程。

1. 重力沉降速度及其影响因素

颗粒的重力沉降速度是指颗粒相对于周围流体的沉降速度，沉降分离的关键在于颗粒的沉降速度。影响重力沉降速度的因素很多，下面分别进行讨论。

（1）颗粒的大小。颗粒越大，沉降速度也越大，物系就越容易分离。

（2）颗粒的含量。颗粒含量大，则颗粒之间的运动相互影响，使颗粒的沉降速度有所下降。

（3）颗粒的形状。对于同种颗粒，球形颗粒的沉降速度大于非球形颗粒的沉降速度。

（4）流体的密度。流体与颗粒的密度相差越大，沉降速度越大。

（5）流体的黏度。流体的黏度越大，则沉降速度越小。因此，对高温含尘气体，通常先降温散热，以便获得更好的沉降效果。

（6）流体流动的影响。流体的流动会对颗粒的沉降产生干扰，为了减少干扰，沉降时尽可能控制流体流动处于稳定的低速。因此，工业上的重力沉降设备，通常尺寸很大，其目的之一就是降低流速，消除流动干扰。

（7）器壁的影响。器壁对沉降的干扰主要有两个方面：一是摩擦干扰，使颗粒的沉降速度下降；二是吸附干扰，使颗粒的沉降距离缩短。因此，器壁的影响是双重的。但当容器的尺寸远远大于颗粒尺寸时，器壁效应可以忽略。

2. 重力沉降设备

（1）降尘室。利用重力沉降从气流中分离出尘粒的设备称为降尘室，最常见的降尘室如图 2-1 所示。

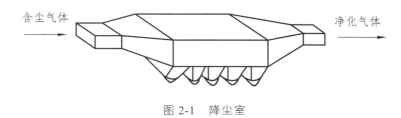

图 2-1　降尘室

含尘气体进入降尘室后，因流道截面积扩大，其速度减慢，只要颗粒能够在气体通过的时间内降至室底，便可从气流中分离出来。颗粒在降尘室的运动情况如图 2-2 所示：

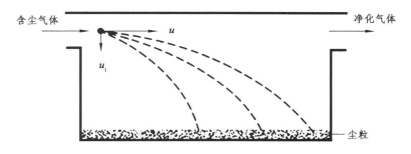

图 2-2　尘粒在降尘室的运动情况

l——降尘室的长度，m；

h——降尘室的高度，m；

b——降尘室的宽度，m；

u——气体在降尘室的水平通过速度。

如果气体的停留时间（l/u）≥颗粒的沉降时间（h/u_t），尘粒便可分离出来。理论上，降尘室的生产能力只与沉降面积 bl 及颗粒的沉降速度 u_t 有关，而与降尘室高度无关。故降尘室应设计成扁平形，或在室内均匀设置多层水平隔板，构成多层降尘室。

降尘室结构简单，流体阻力小；但体积庞大，分离效率低，通常只适用于分离粒度大于 50 μm 的粗颗粒，一般作为预除尘使用。多层降尘室虽能分离较细的颗粒且节省地面，但清灰比较麻烦。

需要指出的是，沉降速度 u_t 应根据需要完全分离下来的最小颗粒尺寸计算。此外，气体在降尘室内的速度不应过高，一般应保证气体流动的雷诺准数处于层流区，以免干扰颗粒的沉降或把已沉降下来的颗粒重新扬起。

（2）沉降槽。利用重力沉降从悬浮液中分离固体颗粒的设备称为沉降槽，又称为增浓器或澄清器。可进行间歇操作或连续操作。工业生产过程中常采用连续沉降槽。

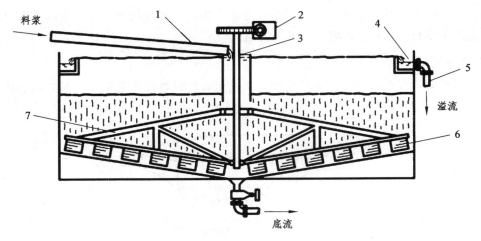

图 2-3 连续沉降槽结构示意图

1—进料槽道；2—转动机构；3—料井；4—溢流槽；
5—溢流管；6—叶片；7—转耙

连续沉降槽是一个具有锥形底的圆槽，悬浮液由进料管进入中心管，从筒底部流入槽内（图 2-3）。清液由四周溢流而出，颗粒沉积在底部成为稠泥浆。稠泥浆由缓慢旋转的转耙将沉降颗粒收集到中心，然后从底部中心出口连续排出，排出的稠浆称为底流。澄清液经上口周边的溢流槽连续排出，称为溢流。溢流中含有一定量的细微颗粒，底流泥浆中可含有 50%左右的液体。

对于颗粒很小的混合液，常加入聚凝剂或絮凝剂，使小颗粒相互结合成大颗粒，从而获得较快的沉降速度。聚凝是通过加入电解质，改变颗粒表面的电性，使颗粒相互吸附而形成大颗粒物质，便于沉降。

沉降槽操作连续、结构简单、处理量大、沉淀物的浓度均匀；但设备庞大、占地面积大、分离效率比较低。

二、离心沉降

1. 离心沉降原理及沉降速度

细小颗粒在重力作用下的沉降非常缓慢。为加速分离，人为地使混合物高速旋转，利用离心力的作用使固体颗粒迅速沉降，实现分离的操作，称为离心沉降。类似地，离心沉降速度就是指颗粒相对于周围流体的运动速度。当固体颗粒随流体做圆周运动时，形成惯性离心力场。颗粒在离心力场中受到三个力的作用，即惯性离心力、向心力和指向旋转中心的阻力。若颗粒为球形，则在惯性离心力作用下，随介质旋转运动，并沿径向方向沉降。当颗粒在沉降方向上所受的各种力互相平衡时，颗粒等速沉降，即颗粒在径向上的运动速度就是颗粒在此位置上的离心沉降速度。

离心沉降的速度大，分离效率高；但设备复杂，投资费用大，需要消耗能量，操作严格且操作费用高。

2. 离心沉降设备

（1）旋风分离器

旋风分离器是利用离心沉降原理，从气流中分离出固体颗粒的设备，又称旋风除尘器。其构造及工作原理如图 2-4、图 2-5 所示。

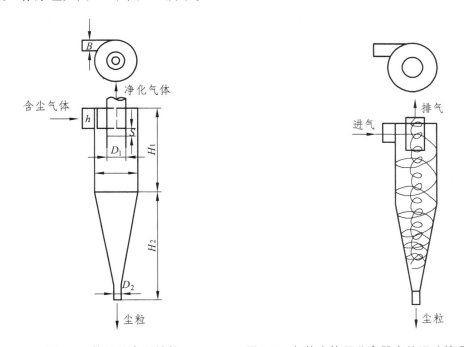

图 2-4　旋风分离器结构　　　图 2-5　气体在旋风分离器中的运动情况

旋风分离器主体上部为圆筒形，下部为圆锥形。含尘气体由圆筒上部的切向入口进入，在旋风分离器内形成一个绕筒体中心向下做螺旋运动的外旋流。在此过程中，颗粒在离心力的作用下被甩向器壁，与气流分离，并沿器壁滑落至锥底排灰口，定期排放；外旋流到达旋风分离器底后（已除尘）变成向上的内旋流，最终，内旋流（净化气）由顶部排气管排出。

旋风分离器结构简单，造价低，没有运动部件，可用多种材料制造，操作条件范围宽广，不受温度和压强的限制，分离效率较高，故在工业生产中应用广泛；但气体在旋风分离器内流动阻力较大，对器壁的磨损较大，不适合分离黏性的、水分含量高的粉尘和腐蚀性粉尘。

 任 务 实 施

【例题 1】

现有硫铁矿焙烧后得到的 SO_2 炉气，其中含大量矿尘，请选择恰当的设备分离除去气相中的固体颗粒。

解：经分析发现炉气中分别有 50 μm 以上及 5 μm 以下颗粒粒径不等的矿尘，我们需分别选用不同的分离设备进行分离。除去大颗粒粒径的粉尘用重力沉降设备，效率高；除去 5 μm 以下的颗粒用旋风分离设备，效率较高。如果对分离要求很高，5 μm 以下的颗粒则需用电除尘器或其他分离净化方式才可行。

思考与练习

1. 非均相物系的分离方法有哪些？非均相物系分离的目的是什么？
2. 什么是重力沉降？影响重力沉降速度的因素有哪些？
3. 离心沉降与重力沉降有何异同？
4. 画图说明旋风分离器的工作原理。

任务二 过滤的基本原理及常用分离设备

 任务引入

工业生产中多遇固-液非均相混合物。对于固-液非均相物系，如果要快速分离，可以采用过滤的方式。

 任务分析

通过对非均相物系进行分离，掌握过滤的基本原理以及相应的操作过程。

 相关知识

过滤是利用混合物中的两相对多孔介质穿透性的差异，在某种推动力的作用下，使非均相物系得以分离的操作。

一、过滤方式

按照固体颗粒被截留的情况，工业上的过滤操作分为饼层过滤（又称表层过滤）和深层过滤两类。

（1）饼层过滤时，悬浮液置于过滤介质的一侧，固体物沉积于介质表面而形成滤饼层。过滤介质中微细孔道的直径可能大于悬浮液中部分颗粒，因而，过滤之初会有一些细小颗粒穿过介质而使滤液浑浊。但是颗粒也可能在孔道中迅速发生"架桥"现象，使小于孔道直径的细小颗粒也能被截拦，故当滤饼开始形成，滤液即变清，此后过滤才能有效地进行。可见，在滤饼过滤中，真正发挥截拦颗粒作用的主要是滤饼层而不是过滤介质。通常，过滤开始阶段得到的浑浊液，待滤饼形成后应返回滤浆槽重新处理。饼层过滤适用于处理固体含量较高（固相体积分数在 1%以上）的悬浮液。

（2）在深层过滤中，固体颗粒并不形成滤饼，而是沉积于较厚的颗粒过滤介质床层内部。

悬浮液中的颗粒尺寸小于床层孔道直径，当颗粒随液体在床层内的曲折孔道中流过时，便附在过滤介质上。这种过滤适用于生产能力大而悬浮液中颗粒小、含量甚微（固相体积分数在0.1%以下）的场合。自来水厂饮水的净化及从合成纤维纺丝液中除去极细固体物质等均采用这种过滤方法。

化工中所处理的悬浮液固相浓度往往较高，故本节只讨论饼层过滤。

二、过滤介质

过滤介质是滤饼的支承物，它应具有足够的机械强度和尽可能小的流动阻力，同时，还应具有相应的耐腐蚀性和耐热性。工业上常用的过滤介质主要有：

（1）织物介质（又称滤布）包括由棉、毛、丝、麻等天然纤维及合成纤维制成的织物，以及由玻璃丝、金属丝等织成的网。这类介质能截留颗粒的最小直径为 5～65 μm。织物介质在工业上应用最为广泛。

（2）堆积介质　此类介质由各种固体颗粒（细沙、木炭、石棉、硅藻土）或非编织纤维等堆积而成，多用于深床过滤。

（3）多孔固体介质　这类介质是有很多微细孔道的固体材料，如多孔陶瓷、多孔塑料及多孔金属制成的管或板，能截拦 1～3 μm 的微细颗粒。

三、滤饼的压缩性和助滤剂

滤饼是由截留下的固体颗粒堆积而成的床层，随着操作的进行，滤饼的厚度与流动阻力都逐渐增加。构成滤饼的颗粒特性对流动阻力的影响悬殊。颗粒如果是不易变形的坚硬固体（如硅藻土、碳酸钙等），则当滤饼两侧的压强差增大时，颗粒的形状和颗粒间的空隙变化不大。如果滤饼是由某些类似氢氧化物的胶体物质构成，则当滤饼两侧的压强差增大时，颗粒的形状和颗粒间的空隙便有明显的改变，单位厚度饼层对流体的阻力随压强差增大而增大，这种滤饼称为可压缩滤饼。

为了减小可压缩滤饼的流体阻力，有时将某种质地坚硬而能形成疏松饼层的另一种固体颗粒混入悬浮液或预涂于过滤介质上，以形成疏松饼层，使滤液得以畅流。这种预混或预涂的粒状物质称为助滤剂。对助滤剂的基本要求如下：

（1）应是能形成多孔饼层的刚性颗粒，使滤饼有良好渗透性及较低的流体阻力。

（2）应具有化学稳定性，不与悬浮液发生化学反应，也不溶于液相中。

（3）在过滤操作的压强差范围内，应具有不可压缩性，以保持滤饼有较高的空隙率。助滤剂一般是质地坚硬的细小颗粒，如硅藻土、石棉、碳粉等。

注意：一般以获得清净滤液为目的时，采用助滤剂才是适宜的。

四、过滤速率及其影响因素

1. 过滤速率

过滤速率是指单位时间内通过单位过滤面积的滤液体积。实践证明，过滤速率与过滤的推动力成正比，与过滤阻力成反比。要想提高过滤速率，应增大过滤推动力，减小过滤阻力。

2. 影响过滤速率的因素

（1）悬浮液的性质。悬浮液的黏度越小，过滤速率越快。因此，有时将滤浆先适当预热，使其黏度下降。

（2）过滤推动力。要使过滤操作得以进行，必须保持一定的推动力，即在滤饼和介质的两侧保持一定的压差，可采用加压或抽真空的方法获得较大压差，但只适用于不可压缩滤饼。

（3）过滤介质和滤饼性质。过滤介质的影响主要表现在过滤阻力和过滤效率上，例如，金属网与毛织品的空隙大小相差很大，因此过滤阻力和过滤效果差别也很大。滤饼的影响因素主要为颗粒的形状、大小，滤饼的紧密度、厚度等。

五、过滤设备

过滤设备种类繁多，结构各不相同。按操作方法不同，可分为间歇式过滤机和连续式过滤机；按过滤设备产生的压强差来分，可分为加压过滤、真空过滤和离心过滤。

1. 压滤机

压滤机以板框式最为普遍，它是由许多交替排列在支架上，并可在支架上滑动的滤板和滤框所构成。如图 2-6 所示。

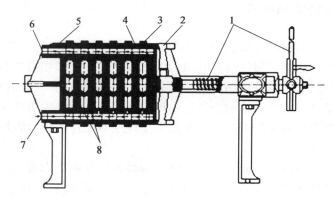

图 2-6　板框压滤机

1—压紧装置；2—可动头；3—滤框；4—滤板；5—固定头；
6—滤液出口；7—滤浆进口；8—滤布

滤框和滤板的左上角与右上角均有孔，滤框右上角的孔还有小通道与框内的空间相通，滤浆可由此进入。滤板又分为两种：洗涤板和非洗涤板。洗涤板的特点是左上角的孔还有小通道与板面的两侧相通，洗涤液可以由此进入。为了便于区别，在板与框边上做不同的标记，非洗涤板以一钮为记，洗涤板以三钮为记，而框则用两钮（图 2-7）。板框压滤机通过板和框角上的通道，或板与框两侧伸出的挂耳通道加料和排出滤液。滤液的排出方式分为明流和暗流两种：明流是通过滤板上的滤液阀排到压滤机下部敞口槽，滤液是可见的，可用于检查滤液质量；暗流压滤机的滤液在机内汇集后由总管排出机外。对于滤液易挥发或含有有毒气体的悬浮液的过滤，需用暗流。

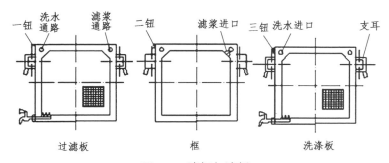

图 2-7　滤框与滤板

板框压滤机的操作是间歇的，每个操作循环由装合、过滤、洗涤、卸渣、整理五个阶段组成。装合时，将板与框交替地置于机架上，板的两侧用滤布包起（滤布上也是根据板、框角上孔的位置而开孔），然后用手动或机动的压紧装置将活动机头压向固定机头，使板与框紧密接触。过滤时，用泵将滤浆机压入机内，滤浆经过板、框角上的孔所连成的通道，由框内的小孔道进入框内，滤液穿过滤布到达板侧，沿板面流动，然后排出。固体物则积存于框内形成滤饼，直到整个框的空处都填满为止。

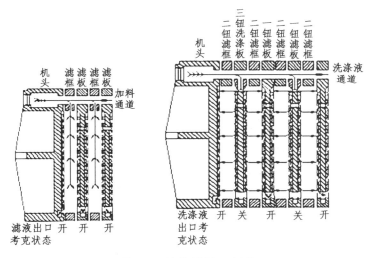

图 2-8　洗涤过程示意图

滤饼的洗涤方式如图 2-8 所示。洗涤时，先将洗涤板上的滤液出口关闭，洗涤水经洗水通路从洗涤半角上的孔道并行进入各个洗涤板的两侧。洗涤水在压差的推动力下先穿过一层滤布及整个框厚的滤饼，然后再穿过一层滤布，最后沿滤板（一钮板）板面沟道至滤液出口排出，称为横穿洗涤法。洗涤阶段结束后，进入卸渣、整理阶段，即将滑动机头松开，取出滤饼并清洗滤布及板、框，准备开始下一循环。这种洗涤的特点是洗涤水穿过的途径正好是过滤终了时滤液穿过途径的两倍。

板框压滤机对于滤渣压缩性大或近于不可压缩的悬浮液都适用。适合的悬浮液固体颗粒浓度一般为 10% 以下，操作压力一般为 0.3～0.6 MPa，特殊的可达 3 MPa 或更高。过滤面积可以随所用的板框数目增减。板框通常为正方形，滤框的内边长为 320～2000 mm，框厚为 16～80 mm，过滤面积为 1～1200 m²（板与框用手动螺旋、电动螺旋和液压等方式压紧）。

压滤机的板、框可用铸铁、碳钢、不锈钢、铝、塑料、木材等材料制造。

板框压滤机的优点：结构简单，制造容易，设备紧凑，过滤面积大而占地小，操作压强高，滤饼含水量低，对各种物料的适应能力强；缺点是间歇手工操作，劳动强度大，生产效率低。

2. 叶滤机

叶滤机由许多滤叶组成，滤叶可以垂直放置也可水平放置。滤叶为内有金属网的扁平框架，外包滤布（图 2-9）。将滤叶装在密闭的机壳内，为滤浆所浸没。滤浆中的液体在压力作用下穿过滤布进入滤叶内部，成为滤液从其周边引出。过滤完毕，机壳内改充清水，使水循着与滤液相同的路径通过滤饼，进行洗涤（此法称为置换洗涤）。最后滤饼可用振动器使其脱落，或用压缩空气将其吹下。

叶滤机也是间歇操作设备，它具有过滤推动力大，单位面积所容纳的过滤面积大，滤饼洗涤较充分等优点。其生产能力比压滤机大，而且机械化程度较高，劳动强度较小，密闭过滤，操作环境也较好。其缺点是构造较为复杂，造价较高，而且滤饼中粒度差别较大的颗粒可能分别积聚于不同的高度，使洗涤不易均匀。

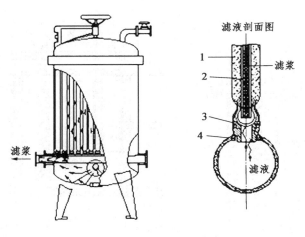

图 2-9   叶滤机结构示意图

1—滤饼；2—滤布；3—拔出装置；4—橡胶圈

3. 转鼓真空过滤机

（1）转鼓真空过滤机的结构及工作原理

这是工业上应用很广的一种连续操作的真空过滤机（图 2-10）。设备的主体是一个能转动的水平圆筒，圆筒表面有一层金属网，网上覆盖滤布；筒的下部进入滤浆中，圆筒沿径向分割成若干扇形格，每个都有单独的孔道通至分配头。圆筒转动时，分配头使这些孔道依次分别与真空管及压缩空气管相通，因而在回转一周的过程中每个扇形格表面即可顺序进行过滤、洗涤、吸干、吹松、卸饼等项操作。

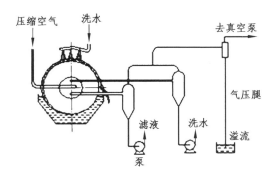

图 2-10　转鼓真空过滤机的工作流程示意图

（2）分配头的结构及工作原理

分配头由紧密贴合着的转动盘与固定盘构成，转动盘随筒体一起旋转，固定盘内侧面各凹槽分别与各种不同作用的管道相通（图 2-11）。当扇形格 1 开始进入滤浆内时，转动盘上相应的小孔道与固定盘上的凹槽 2 相对，从而与真空管道连通，吸走滤液。图上扇形格 1～5 所处的位置称为过滤区。扇形格转出滤浆槽后，仍与凹槽 2 相通，继续吸干残留在滤饼中的滤液。扇形格 6～7 所处的位置称为吸干区。扇形格转至 8 的位置时，洗涤水喷洒于滤饼上，此时扇形格与固定盘上的凹槽 3 相通，经另一真空管道吸走洗水。扇形格 8～12 所处的位置称为洗涤吸干区。当扇形格由一区转入另一区时，因有不工作区的存在，操作区不致相互串通。扇形格 12 的位置称为吸干区，12～13 为不工作区。扇形格 13～14 与固定盘凹槽 4 相通，再与压缩空气管道相连，压缩空气从内向外穿过滤布而将滤饼吹松，随后由刮刀将滤饼卸除。扇形格 13、14 的位置称为吹松区及卸料区，然后又是不工作区。如此连续运转，整个转筒表面便构成了连续的过滤操作。

转筒的过滤面积一般为 5～40 m²，浸没部分占总面积的 30%～40%。转速可在一定范围内调整，通常为 0.1～3 r/min。滤饼厚度一般保持在 5～40 mm 以内。转鼓过滤机所得滤饼中的液体含量高（常达 30%）。

转鼓真空过滤机的优点是能连续自动操作，省人力，生产能力大，适用于处理含固体颗粒的浓悬浮液；缺点是附属设备较多，投资费用高，过滤面积不大，过滤推动力有限，不易过滤高温的悬浮液。

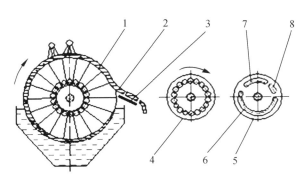

图 2-11　转鼓及分配头的结构示意图

1—转筒；2—滤饼；3—割刀；4—转动盘；5—固定盘；
6—吸走滤液的真空凹槽；7—吸走洗水的真空凹槽；8—通入压缩空气的凹槽

任务实施

【例题 1】

如果我们需从固液混合物中获取固体物质或者需要得到澄清的液体，需采取什么样的操作方法？

解：如果需要获得固体物质作为产物，可采用连续沉降槽、悬液分离器、沉降离心机浓缩，然后采用过滤离心机分离得到固体产物。

如果需要获得澄清液体作为产物，可采用连续沉降槽、过滤机、过滤离心机除去固体物质。对澄清要求非常高时，可在最后采用深层过滤。

 思 考 与 练 习

1. 什么叫滤浆、滤饼、滤液、过滤介质、助滤剂？常用的过滤介质有哪几种？
2. 过滤操作中，对过滤介质有何要求？
3. 对板框压滤机，一个过滤周期包括几个阶段？
4. 过滤设备按压差可分为几种类型？

任务三　非均相混合物分离的操作训练

 训 练 目 标

该套装置模拟工厂固液混合物的分离生产单元系统，训练学生实际化工生产的操作能力。利用板框压滤机过滤含 $CaCO_3$ 10% ~ 30%（质量分数）的水悬浮液，掌握板框压滤机的工作原理及操作过程。

记忆：（1）板框压滤机的主要部件和安装顺序；

　　　（2）板框压滤机的操作过程。

理解：（1）过滤的基本原理；

　　　（2）板框压滤机的构造；

　　　（3）过滤压力对过滤速率的影响。

运用：根据所掌握的专业理论知识，完成板框压滤机的操作运行。

　　　（1）过滤过程操作；

　　　（2）清洗过程操作；

　　　（3）停车操作；

　　　（4）锻炼学生判断和排除故障的能力。

训练准备

了解板框压滤机的结构部件及工作原理。

实训操作步骤

一、工艺流程

本实验装置由空压机、配料槽、压力料槽、板框压滤机等组成，过滤含 CaCO₃ 10% ~ 30%（质量分数，下同）的水悬浮液，其流程如图 2-12 所示。

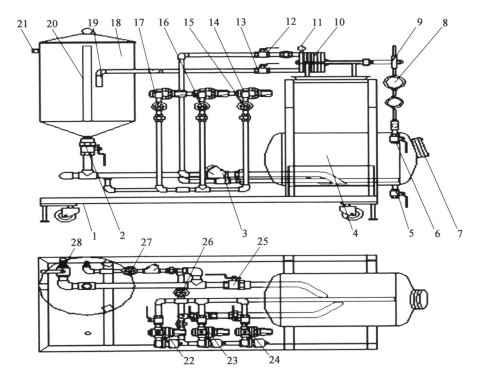

图 2-12　板框压滤机过滤流程

1—可移动框架；2—阀 2；3—止回阀；4—压力料罐；5—排污阀；6—放空阀；7—玻璃视镜；8—压力表；
9—压紧手轮；10—板框组；11—板框进口压力表；12—阀 12；13—阀 13；14—压力定值调节阀；
15—阀 8 及 3#电磁阀；16—阀 7 及 2#电磁阀；17—阀 6 及 1#电磁阀；18—配料槽；
19—出液口；20—指示尺；21—进水口；22—阀 9；23—阀 10；
24—阀 11；25—阀 5；26—阀 4；27—阀 3；28—阀 1

控制柜面板如图 2-13 所示：

在配料桶内配制一定浓度的 CaCO₃ 悬浮液后，利用压差送入压力料槽中，用压缩空气搅拌，同时利用压缩空气将滤浆送入板框压滤机过滤，滤液流入量筒计量，压缩空气从压力料槽排空管排出。

板框压虑机的结构尺寸：框厚度 11 mm，过滤总面积 0.0471 m^2。

空气压缩机规格型号：V-0.08/8，最大气压 0.8 MPa。

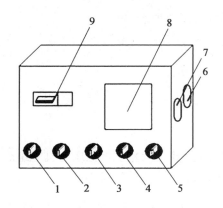

图 2-13 控制柜面板

1—仪表电源开关；2—空压机电源开关；3—1$^\#$电磁阀电源开关；4—2$^\#$电磁阀电源开关；
5—3$^\#$电磁阀电源开关；6—电子天平通信串口；7—智能仪表通信串口；
8—压力显示仪；9—空气开关

二、实验步骤

1. 实验准备

（1）配料

配制含 CaCO$_3$ 3% ~ 5%的水悬浮液。CaCO$_3$ 由天平称量，水位高度按标尺示意，筒身直径 35 mm。配制时，应将配料罐底阀门关闭。

（2）搅拌

开启空压机，关闭阀 1、阀 4、阀 5，打开阀 3、阀 2，将压缩空气通入配料槽，使 CaCO$_3$ 悬浮液搅拌均匀。搅拌时，应将配料罐的顶盖合上。

（3）设定压力

调节压力料槽的压力到需要的值。主要依靠调节压力料槽出口处的压力定值调节阀来控制出口压力恒定，压力料槽的压力由压力表读出。压力定值阀已调好，从左到右分别为 1$^\#$压力：0.1 MPa；2$^\#$压力：0.2 MPa；3$^\#$压力：0.3 MPa。考虑各个压力值的分布，从低压过滤开始做实验较好。

（4）装板框

正确装好滤板、滤框及滤布。滤布使用前用水浸湿。滤布要绷紧，不能起皱。

注意：用螺旋压紧时，千万不要把手指压伤，先慢慢转动手轮使板框合上，然后再压紧。

（5）灌清水

向清水灌通入自来水，液面达视镜高度的 2/3 左右。灌清水时，应将安全阀处的泄压阀打开。

（6）灌料

在压力罐泄压阀打开的情况下，打开配料罐和压力罐间的进料阀门，使料浆自动由配料罐流入压力罐至视镜 1/3 ~ 1/2 处，关闭进料阀门。

2．过滤过程

（1）打开阀4，通压缩空气至压力料槽，使容器内料浆不断搅拌。压力料槽的排气阀应不断排气，但又不能喷浆。

（2）将中间双面板下的通孔切换阀开到通孔通路状态。打开进板框前料液进口的两个阀门，打开出板框后清液出口球阀。此时，压力表指示过滤压力，清液出口流出滤液。

（3）每次实验应以滤液刚从汇集管流出的时候作为开始时刻，每次 ΔV 取 800 mL 左右，记录相应的时间 Δt。每个压力下，测量 8～10 个读数即可停止实验。若欲得到干而厚的滤饼，则应做到每个压力下没有清液流出为止。交换量筒接滤液时不要流失滤液，等量筒内滤液静止后读出 ΔV 值。

注意：① ΔV 约 800 mL 时替换量筒，这时量筒内的滤液量并非正好 800 mL。

② 要事先熟悉量筒刻度，不要打碎量筒。

③ 要熟练双秒表轮流读数的方法。

（4）每次均将滤液及滤饼收集在小桶内，滤饼弄细后重新倒入料浆桶内配料，进行下一个压力实验。

注意：若清水灌水不足，可补充一定量的水，补水时仍应打开该罐的泄压阀。

3．清洗过程

（1）关闭板框过滤的进出阀门，将中间双面板下的通孔切换阀门开到通孔关闭状态。

（2）打开清洗液进入板框的进出阀门（板框前两个进口阀，板框后一个出口阀）。此时压力表指示清洗压力，清液出口流出清洗液。清洗液流出速度比同压力下过滤速度慢很多。

（3）清洗液流动约 1 min，可观察浑浊变化情况判断清洗是否结束。一般物料可不经过清洗过程。结束清洗过程，也是关闭清洗液进出板框阀门，关闭定值调节阀后面的进气阀门。

4．实验结束

（1）先关闭空压机出口球阀，关闭空压机电源。

（2）打开安全阀处的泄压阀，使压力罐和清水罐泄压。

（3）用刷子刷洗滤框、滤板、滤布，滤布不要折叠。

（4）将压力罐内的物料反压到配料罐内，以备下次实验使用，或将该两罐物料直接排空后用清水冲洗。

三、常见事故及处理方法

恒压过滤操作过程中常见故障及处理方法参见表2-1。

表 2-1 恒压过滤操作过程中常见故障及处理方法

序号	常见故障	原因	处理方法
1	板框漏液	1）板框变形 2）滤布没装好	1）更换变形板框 2）重新装滤布，压紧
2	滤液澄清度不合格	1）没做好循环调整 2）滤布破损	1）重新进行循环调整 2）检查滤布，如有破损及时更换

四、注意事项

（1）在夹紧滤布时，千万不要把手指压伤，先慢慢转动手轮使板框合上，然后再压紧。

（2）滤饼及滤液循环，下次实验可继续使用。

（3）操作中做好记录。

（4）通过改变工艺参数反复训练，以达到掌握操作技能的目的。

思考与练习

1. 当操作压强增加一倍，K 值是否也增加一倍？要得到同样的过滤液，过滤时间是否缩短一半？

2. 为什么过滤开始时，滤液常常有点浑浊，过一段时间后才变清？

3. 传统板框压滤机的板框如何组合？

4. 影响过滤速率的因素有哪些？

5. 加快过滤速率的措施有哪些？

6. 板框压滤机的主要构造是什么？

7. 本实训中都用到了哪些设备？各个设备如何操作？

8. 实训结束后要做哪些后续工作？

9. 开始实训之前需要做什么准备工作？

10. 操作中的要点是什么？

11. 简述本次实训的操作流程。

12. 本次实训中需密切关注的参数都有哪些？为什么？

模块三　传　热

在化工生产过程中，传热操作嵌入各个车间，只要有热量交换的地方就有传热的存在。在传热过程中，怎样才能大批量、高效、安全地进行热量交换呢？由此，我们引出家喻户晓的换热器，换热器作为传热的场所，不仅在化工生产过程中应用广泛，也在其他生产过程（食品、医药、军工、电子等领域）中广泛应用。本模块主要从传热的基本方式、原理、传热基本方程式进行理论阐述，以传热设备和换热实训操作进行实训讲解训练。

任务一　认识传热基本概念及过程的应用

 任务引入

在化工产品的制造中，为满足生产过程的需要，经常要把物料加热或冷却，如把 80 ℃ 的热水冷却为 50 ℃ 的温水，在工业上如何实现这种操作？常用的方法是什么？这就是本任务要讨论的问题。

任务分析

在工业上，高温物体通常用低温物料来冷却，低温物料用高温物料来加热，实现这种物料的加热或冷却的单元操作是传热。它是化工生产过程中最基础的单元操作之一，应用范围很广。传热有三种方式：传导、对流和辐射。三种方式的原理和影响因素各不相同，一般的传热是两种或两种以上传热方式同时发生。有些传热需要提高传热速率，有些需要降低传热速率，因此要分析影响传热快慢的因素，就要充分了解传热过程和传热的基本概念并学会分析运用。

相关知识

一、传热的基本概念

1. 传热

传热是由于物料间存在温度差而发生的热传递的一种单元操作。凡是有温差存在的地方，必然有热的传递，加热、冷却和保温都属于传热，加热和冷却是强化传热过程，保温是削弱传热过程。

2. 载热体

生活中的许多传热过程是在两种物体之间进行的，参与传热的流体称为载热体。

如果传热的目的是将冷流体加热或汽化，则所用的载热体称为加热剂；如果传热的目的是将热流体冷却或凝结，则所用的载热体称为冷却剂或冷凝剂。

（1）载热体的选用原则

① 载热体应能满足所要求达到的温度。

② 载热体的温度调节应方便。

③ 载热体的比热容或潜热应较大。

④ 载热体应具有化学稳定性，使用过程中不会分解或变质。

⑤ 为了操作安全起见，载热体应无毒或毒性较小，不易燃易爆，对设备腐蚀性小。

⑥ 价格低廉，来源广泛。

此外，对于换热过程中有相变的载热体或专用载热体，还有比容积、黏度、热导率等物性参数的要求。

（2）常用加热剂和冷却剂

工业中常用的加热剂有热水（40～100 ℃）、饱和水蒸气（100～180 ℃）、矿物油（180～250 ℃）、导生油（联苯和二苯醚的混合物）（255～380 ℃）、熔盐（142～530 ℃）、烟道气（500～1000 ℃）等，除此之外还可用电来加热。当要求温度小于180 ℃时，常用饱和水蒸气做加热剂。其优点是饱和水蒸气的压力和温度——对应，调节其压力就可以控制加热温度，使用方便；饱和水蒸气冷凝放出潜热，潜热远大于显热，因此所需的水蒸气量小；水蒸气冷凝时的膜系数很大，对流传热的阻力小；价廉、无毒、无失火危险。其缺点是饱和水蒸气冷凝传热能达到的温度受压力的限制，不能太高（一般＜180 ℃）。

常用的冷却剂有水（20～30 ℃）、空气、冷冻盐水、液氨（-33.4 ℃）等。水的来源广泛，热容量大，应用最为普遍。从节约资源的角度看，应让冷却水循环使用。在水资源较缺乏的地区，宜采用空气冷却，但空气传热速度慢。

3. 稳定传热和不稳定传热

稳定传热时，传热系统中各点的温度仅随位置的变化而变化，不随时间的变化而变化，其特点是单位时间内通过传热间壁的热量是一个常量。

不稳定传热时，传热系统中各点的温度不仅随位置的不同而变化，而且随时间发生变化。

连续生产过程中所进行的传热多为稳定传热。在间歇操作的换热设备中或连续操作的换热设备处于开、停车阶段所进行的传热，都属于不稳定传热。

二、传热过程

化工生产过程中对传热的要求可分为两种情况：一是强化传热，如各种换热设备中的传热，要求传热速率快，传热效果好。另一种是削弱传热，如设备和管道的保温，要求传热速率慢，以减少热量（或冷量）的损失。

化工传热过程既可连续进行也可间歇进行。若传热系统（如换热器）中的温度仅与位置有关，而与时间无关，此种传热即稳定传热，其特点是系统中不积累能量（即输入的热量等于输出的热量），传热速率（单位时间传递的热量）为常数。若传热系统中各点的温度既与位置有关又与时间有关，此种传热即非稳定传热。化工生产中的传热大多可视为稳定传热，因此，本模块只讨论稳定传热。

三、传热的基本方式

根据传热机理的不同，热量传递有三种基本方式，即传导传热（热传导）、对流传热（热对流）和辐射传热。不管以何种方式传热，热量总是由高温处自发向低温处传递。

1. 传导传热

传导传热又称热传导或导热，是由于物质的分子、原子或电子的运动或振动，而将热量从物体内高温处向低温处传递的过程。任何物体，不论其内部有无质点的相对运动，只要存在温度差，就必然发生热传导。可见热传导不仅发生在固体中，而且也是流体内的一种传热方式。

气体、液体、固体的热传导进行机理各不相同。在气体中，热传导是由不规则的分子热运动引起的；在大部分液体和不良导体的固体中，热传导是由分子或晶格的振动传递动量来实现的；在金属固体中，热传导主要依靠自由电子的迁移来实现，因此，良好的导电体也是良好的导热体。热传导不能在真空中进行。

2. 对流传热

对流传热也叫热对流，是指流体中质点发生宏观位移而引起的热量传递。热对流仅发生在流体中。由于引起流体质点宏观位移的原因不同，对流又可分为强制对流和自然对流。由于外力（泵、风机、搅拌器等作用）而引起的质点运动，称为强制对流。由于流体内各部分温度不同而产生密度的差异，造成流体质点相对运动，称为自然对流。在流体发生强制对流时，往往伴随着自然对流，但一般强制对流的强度比自然对流大得多。

3. 辐射传热

因热的原因，物体发出辐射能并在周围空间传播而引起的传热，称为辐射传热。它是一种通过电磁波传递能量的方式。具体地说，物体将热能转变成辐射能，以电磁波的形式在空气中进行传送，当遇到另一个能吸收辐射能的物体时，即被其部分或全部吸收并转变为热能。辐射传热就是不同物体间相互辐射和能量吸收的总结果。由此可知，辐射传热不仅是能量的传递，同时还伴有能量形式的转换。热辐射不需要任何媒介，换言之，其可以在真空中传播。这是热辐射不同于其他传热方式的另一特点。应予指出，只有物体温度较高时，辐射传热才能成为主要的传热方式。

实际上，传热过程往往不是某种传热方式单独进行，而是两种或三种传热方式的组合。例如，生产中普遍使用的间壁式换热器中的传热，主要是以热对流和热传导相结合的方式进行的。

思考与练习

1. 传热的基本方式有_____、_____和_____三种。
2. 找出生活中所涉及的传热过程，并指出传热方式。

任务二　认识传热设备

任务引入

工业上实现传热的设备是什么？在使用的过程中应该注意哪些问题？

任务分析

传热的主要设备是换热器，它是实现冷流体和热流体之间热量交换的装置，所以要求掌握换热器的内部结构、工作原理、使用条件和特点。在工厂工艺中，换热器一般与具体设备（精馏塔、反应器、合成塔等）连在一起使用，因为物料的理化性质、生产要求和传热要求的不同，换热器的类型也是各种各样的。

相关知识

换热器是化工、石油、动力、食品及其他许多工业部门的通用设备，在生产中占有重要地位。在化工生产中，换热器可作为加热器、冷却器、冷凝器、蒸发器和再沸器等，应用更加广泛。换热器种类很多，但根据冷、热流体热量交换的原理和方式基本上可分为三大类，即混合式、蓄热式和间壁式。在三类换热器中，间壁式换热器应用最多。

一、混合式换热器

混合式热交换器是依靠冷、热流体直接接触而进行传热的，这种传热方式避免了传热间壁及其两侧的污垢热阻，只要流体间的接触情况良好，就有较大的传热速率。故凡允许流体相互混合的场合，都可以采用混合式热交换器，如气体的洗涤与冷却、循环水的冷却、汽-水之间的混合加热、蒸汽的冷凝等。它的应用遍及化工和冶金工业、动力工程、空气调节工程以及其他许多生产部门中。

按照用途的不同，可将混合式热交换器分成以下几种不同的类型：

1. 冷却塔（或称冷水塔）

在这种设备中，用自然通风或机械通风的方法，将生产中已经提高了温度的水进行冷却降温之后循环使用，以提高系统的经济效益（图 3-1）。例如，热力发电厂或核电站的循环水、合成氨生产中的冷却水等，经过水冷却塔降温之后再循环使用，这种方法在实际工程中得到了广泛的使用。

冷却水塔

图 3-1　冷却塔换热器

图 3-2　气体洗涤塔

2. 气体洗涤塔（或称洗涤塔）

在工业上用这种设备来洗涤气体有各种目的，例如，用液体吸收气体混合物中的某些组分，除净气体中的灰尘，气体的增湿或干燥等（图 3-2）。但其最广泛的用途是冷却气体，而冷却所用的液体以水居多。空调工程中广泛使用的喷淋室，可以认为是它的一种特殊形式。喷淋室不但可以像气体洗涤塔一样对空气进行冷却，而且还可对其进行加热处理。但是，它也有对水质要求高、占地面积大、水泵耗能多等缺点。所以，目前在一般建筑中，喷淋室已不常使用或仅作为加湿设备使用。但是，在以调节湿度为主要目的的纺织厂、卷烟厂等仍大量使用。

3. 喷射式热交换器

在这种设备中，压力较高的流体由喷管喷出，形成很高的速度，低压流体被引入混合室与射流直接接触进行传热传质，并一同进入扩散管，在扩散管的出口达到同一压力和温度后输送给用户。

4. 混合式冷凝器

这种设备一般是用水与蒸汽直接接触的方法使蒸汽冷凝。

二、蓄热式换热器

在这类换热器中，能量传递是通过格子砖或填料等蓄热体来完成的。首先让热流体通过，把热量积蓄在蓄热体中，然后再让冷流体通过，把热量带走。由于两种流体交变转换输入，因此不可避免地存在一小部分流体相互掺和的现象，造成流体的"污染"（图3-3至3-5）。

蓄热式换热器结构紧凑、价格便宜、单位体积传热面大，故较适用于气-气热交换的场合。主要用于石油化工生产中的原料气转化和空气余热。

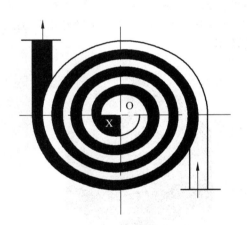

图 3-3　螺旋板式换热器　　　　　　图 3-4　螺旋板式换热器工作示意图

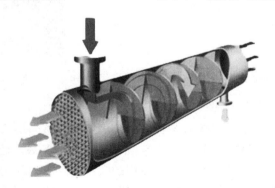

图 3-5　螺旋折流板换热器

三、间壁式换热器

间壁式换热器是指两种不同温度的流体在固定的壁面（称为传热面）相隔的空间里流动，通过壁面的导热和壁表面的对流换热进行热量的传递。参加换热的流体不会混合，传递过程连续而稳定地进行。间壁式换热器的传热面大多采用导热性能良好的金属制造。在某些场合由于防腐的需要，也有用非金属（如石墨、聚四氟乙烯等）制造的。这是工业制造最为广泛应用的一类换热器。按照传热面的形状与结构特点它可分为以下几类。

1. 套管式换热器（图 3-6、图 3-7）

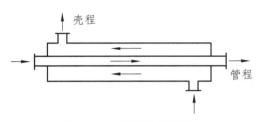 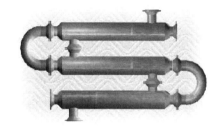

图 3-6　套管换热器模型　　　　　　图 3-7　套管换热器实物

2. 管壳式换热器

（1）固定管板式

结构如图 3-8 所示。管子两端与管板的连接方式可用焊接法或胀接法。壳体则同管板焊接，从而管束、管板与壳体成为一个不可拆的整体。这就是固定管板式名称的由来。

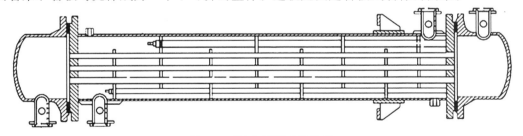

图 3-8　固定管板式换热器

折流板主要有圆缺形与盘环形两种，其结构如图 3-9 所示。

操作时，管壁温度是由管程与壳程流体共同控制的，而壳壁温度只与壳程流体有关，与管程流体无关。管壁与壳壁温度不同，二者线膨胀不同，又因整体是固定结构，必产生热应力。热应力大时可能把管子压弯或把管子从管板处拉脱。所以，当热、冷流体间温差超过 50 ℃时,应有减小热应力的措施，称为"热补偿"。

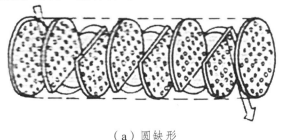

（a）圆缺形

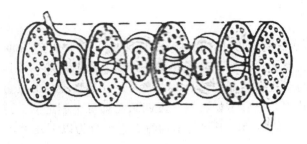

（b）盘环形

图 3-9　折流板换热器

固定管板式列管换热器常用"膨胀节"结构进行热补偿。图 3-10 所示的为具有膨胀节的固定管板式换热器，即在壳体上焊接一个横断面带圆弧形的钢环。该膨胀节在受到换热器轴向应力时会发生形变，使壳体伸缩，从而减小热应力。但这种补偿方式仍不适用于热、冷流体温差较大（大于 70 ℃）的场合，且因膨胀节是承压薄弱处，壳程流体压强不宜超过 6 at。

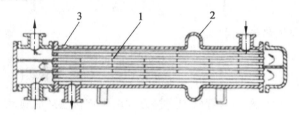

图 3-10　固定管板式换热器

1—挡板；2—补偿圈；3—放气嘴

为更好地解决热应力问题，在固定管板式的基础上，又发展了浮头式和 U 形管式列管换热器。

（2）浮头式

结构如图 3-11 所示。其特点是有一端管板不与外壳相连，可以沿轴向自由伸缩。这种结构不但完全消除了热应力，而且由于固定端的管板用法兰与壳体连接，整个管束可以从壳体中抽出，便于清洗和检修。浮头式换热式应用较为普遍，但结构复杂，造价较高。

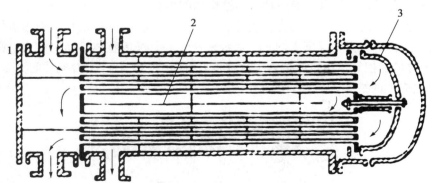

图 3-11　浮头式换热器

1—管程隔板；2—壳程隔板；3—浮头

（3）U形管式

如图 3-12 所示，U 形管式换热器每根管子都弯成 U 形，管子的进出口均安装在同一管板上。封头内用隔板分成两室。这样，管子可以自由伸缩，与壳体无关。这种换热器结构适用于高温和高压场合；其主要不足之处是管内清洗不易，制造困难。

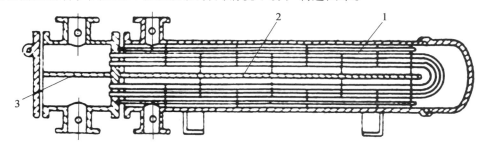

图 3-12 U 形管式换热器

3. 沉浸式蛇管换热器

这种换热器是将金属管弯绕成各种与容器相适应的形状，并沉浸在容器内的液体中（图 3-13）。沉浸式蛇管换热器的优点是结构简单，能承受高压，可用耐腐蚀材料制造；其缺点是容器内液体湍动程度低，管外给热系数小。为提高传热系数，容器内可安装搅拌器。

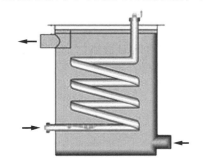

图 3-13 沉浸式蛇管换热器

4. 喷淋式换热器

这种换热器是将换热管成排地固定在钢架上，热流体在管内流动，冷却水从上方喷淋装置均匀淋下，故也称喷淋式冷却器，结构如图 3-14 所示。喷淋式换热器的管外是一层湍动程度较高的液膜，管外给热系数比沉浸式增大很多。另外，这种换热器大多放置在空气流通之处，冷却水的蒸发也带走一部分热量，可起到降低冷却水温度，增大传热推动力的作用。因此，和沉浸式相比，喷淋式换热器的传热效果大有改善。

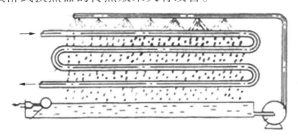

图 3-14 喷淋式换热器

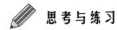 **思考与练习**

1. 在间壁式换热器中，间壁两边流体都变温时，两流体的流动方向有_____、_____、_____和_____四种。

2. 介绍套管式换热器的工作原理。

3. 简述生活中常见的换热现象。

任务三　获取传热知识

 任务引入

热量在换热器中的传热原理是什么呢？有何规律可循？

 任务分析

热量总是自发地由高温物体传递给低温物体，在传热过程中遵循一定的规律。热量传递的基本方式主要有：热传导、对流和辐射。

 相关知识

一、热量的计算方法

流体在间壁两侧进行稳定传热时，在不考虑热损失的情况下，单位时间热流体放出的热量应等于冷流体吸收的热量，即

$$Q = Q_c = Q_h$$

式中　Q——换热器的热负荷，即单位时间热流体向冷流体传递的热量，W；

　　　Q_h——单位时间热流体放出的热量，W；

　　　Q_c——单位时间冷流体吸收的热量，W。

若换热器间壁两侧流体无相变化，且流体的比热容不随温度而变或可取平均温度下的比热容时，可表示为

$$Q = W_h c_{ph}(T_1 - T_2) = W_c c_{pc}(t_2 - t_1)$$

式中　c_p——流体的平均比热容，kJ/(kg·℃)；

　　　t——冷流体的温度，℃；

　　　T——热流体的温度，℃；

　　W——流体的质量流量，kg/h。

　　若换热器中的热流体有相变化，如饱和蒸气冷凝，则

$$Q = W_h r = W_c c_{pc}(t_2 - t_1)$$

式中　W_h——饱和蒸气（即热流体）的冷凝速率，kg/h；

　　　　r——饱和蒸气的冷凝潜热，kJ/kg。

　　上式的应用条件是冷凝液在饱和温度下离开换热器。若冷凝液的温度低于饱和温度，则上式变为

$$Q = W_h[r + c_{ph}(T_s - T_2)] = W_c c_{pc}(t_2 - t_1)$$

式中　c_{ph}——冷凝液的比热容，kJ/(kg·°C)；

　　　　T_s——冷凝液的饱和温度，°C。

二、传热速率的计算方法

　　在工程中，不同的换热器具有不同的换热能力，将一定时间内所能交换的热量称为换热器的传热速率，以符号 Q 表示，单位是 J/s 或者 W。

　　根据生产任务选择换热器时，需要知道换热器的传热速率。

　　　　　　　　　　传热速率 $Q = KA\Delta t_m$

式中　Q——换热器的传热速率，J/s 或 W；

　　　　K——传热总系数，W/(m²·K)或 W/(m²·°C)；

　　　　A——传热面积，m²；

　　　　Δt_m——冷热流体的有效温度差，K。

三、有效温度差的计算方法

　　从传热速率计算式可以看出，有效温度差越大，在相同的时间内交换的热量就越多，传热速率也就越大。而冷、热流体在换热器中的流动方向对有效温度差会产生直接的影响。

　　1. 并流和逆流时的有效温度差

　　例如，用间壁式换热器加热原油，原油在环隙间流动，进口温度为 120 °C，出口温度为 160 °C，热机油在管内流动，进口温度为 245 °C，出口温度为 175 °C，请计算原油和热机油在逆流和并流时的有效温度差，并比较哪种流动会使有效温度差更大。

　　（1）间壁式换热器有效温度差 Δt_m 的计算

$$\Delta t_m = \frac{\Delta t_1 - \Delta t_2}{\ln \dfrac{\Delta t_1}{\Delta t_2}}$$

式中，温度差 Δt_1 和 Δt_2 与流体流动的方向有关，换热过程常见的流动方向有并流、逆流和错流等。流动方向不同，得出的有效温度差是不相同的。

　　（2）分析已知条件，热机油的进口温度 T_1=245 °C，出口温度 T_2=175 °C；原油的进口温

度 t_1=120 °C，出口温度 t_2=160 °C。

（3）计算原油和热机油在并流时的有效温度差。在传热过程中，当冷、热流体的流动方向相同时称为并流流动，其温度变化情况如图 3-15 所示。

并流时：$\Delta t_1 = T_1 - t_1 = 245 - 120 = 125$（°C）

$\Delta t_2 = T_2 - t_2 = 175 - 160 = 15$（°C）

$$\Delta t_m = \frac{\Delta t_1 - \Delta t_2}{\ln \dfrac{\Delta t_1}{\Delta t_2}} = \frac{125 - 15}{\ln \dfrac{125}{15}} = \underline{\qquad} \ °C$$

（4）计算原油和热机油在逆流时的有效温度差。在传热过程中，当冷、热流体的流动方向相反时称为逆流流动，其温度变化情况如图 3-16 所示。

逆流时：$\Delta t_1 = T_1 - t_2 = \underline{\qquad} - \underline{\qquad} = 85$（°C）

$\Delta t_2 = \underline{\qquad} - \underline{\qquad} = 175 - 120 = 55$（°C）

$$\Delta t_m = \frac{\Delta t_1 - \Delta t_2}{\ln \dfrac{\Delta t_1}{\Delta t_2}} = \frac{85 - 55}{\ln \dfrac{85}{55}} = \underline{\qquad} \ °C$$

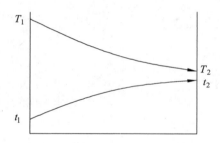

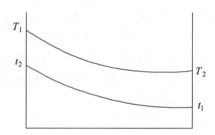

图 3-15　并流传热过程的温度变化情况　　　　图 3-16　逆流传热过程的温度变化情况

（5）比较有效温度差，结果：并流时 Δt_m=52 °C，逆流时 Δt_m=69 °C，故逆流时有效温度差更大。

在换热器中，只有一种流体有温度变化时，其并流和逆流时的平均温度差是相同的。当两种流体的温度都变化时，由于流向的不同，逆流和并流的 Δt_m 不相同。

在工业生产中一般采用逆流操作，因为逆流操作有以下优点：

首先，在换热器的传热速率 Q 及总传热系数 K 相同的条件下，因为逆流时的 Δt_m 大于并流时的 Δt_m，采用逆流操作可节省传热面积。例如，热流体的进出口温度分别为 90 °C 和 70 °C，冷流体进出口温度分别为 20 °C 和 60 °C，则逆流和并流的 Δt_m 分别为

$$\Delta t_{m逆} = \frac{(90 - 60)\ (70 - 20)}{\ln \dfrac{90 - 60}{70 - 20}} = 39.2\,(°C)$$

$$\Delta t_{m并} = \frac{(90 - 20)\ (70 - 60)}{\ln \dfrac{90 - 20}{70 - 60}} = 30.8\,(°C)$$

其次，逆流操作可节省加热介质或冷却介质的用量。对于上例，若热流体的出口温度不

作规定，那么逆流时热流体出口温度极限可降至 20 ℃，而并流时的极限为 60 ℃，所以逆流比并流更能释放热、冷流体的能量。

以上计算说明，流体的流动方向对有效温度差的影响，逆流时有效温度差较大，而并流时有效温度差较小。在实际操作中，要提高传热速率，应当采用逆流的方式；一般只有对加热或冷却的流体有特定的温度限制时，才采用并流。

2. 错流和折流

在大多数列管换热器中，两流体并非只作简单的并流和逆流，而是作比较复杂的多程流动，或是互相垂直的交叉流动，如图 3-17 所示。

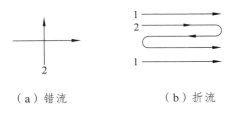

（a）错流　　　　　（b）折流

图 3-17　错流和折流示意图

在图 3-17（a）中，两流体的流向互相垂直，称为错流；在图 3-17（b）中，一种流体只沿一个方向流动，而另一流体反复折流，称为简单折流。若两流体均作折流，或既有折流又有错流，则称为复杂折流。

对于错流和折流时的平均温度差，先按逆流操作计算对数平均温度差，再乘以考虑流动方向的校正因素。即

$$\Delta t_{\mathrm{m}} = \varphi_{\Delta t} \Delta t_{\mathrm{m}}{}'$$

式中　$\Delta t_{\mathrm{m}}'$——按逆流计算的对数平均温度差，℃；

　　　$\varphi_{\Delta t}$——温度差校正系数，无因次。

温度差校正系数 $\varphi_{\Delta t}$ 与冷、热流体的温度变化有关，是 P 和 R 两因数的函数，即

$$\Delta t = f(P, R)$$

式中　$P = \dfrac{t_2 - t_1}{T_1 - t_1} = \dfrac{\text{冷流体的温升}}{\text{两流体的最初温度差}}$

　　　$R = \dfrac{T_1 - T_2}{t_2 - t_1} = \dfrac{\text{热流体的温降}}{\text{冷流体的温升}}$

温度差校正系数 $\varphi_{\Delta t}$ 值可根据 P 和 R 两因数从图 3-18 中查得。图 3-18（a）（b）（c）及（d）分别适用于一、二、四及六壳程，每个单壳程内的管程可以是 2、4、6 或 8 程。图 3-19 中错流时对数平均温度差校正系数 $\varphi_{\Delta t}$ 值适用于错流换热器，对于其他流向的 $\varphi_{\Delta t}$ 值，可通过手册或其他传热书籍查得。

由图 3-19 可见，$\varphi_{\Delta t}$ 值恒小于 1，这是由于各种复杂流动中同时存在逆流和并流，它们的 Δt_{m} 比纯逆流时小。通常在换热器的设计中规定 $\varphi_{\Delta t}$ 值不应小于 0.8，否则经济上不合理；而且操作温度略有变化就会使 $\varphi_{\Delta t}$ 急剧下降，从而影响换热器操作的稳定性。

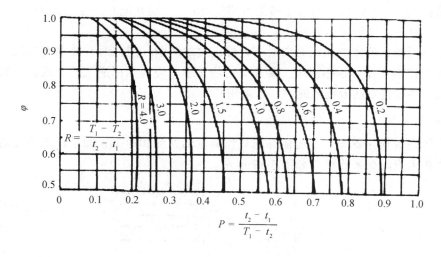

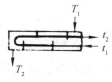

（a）单壳程，两管程或两管程以上

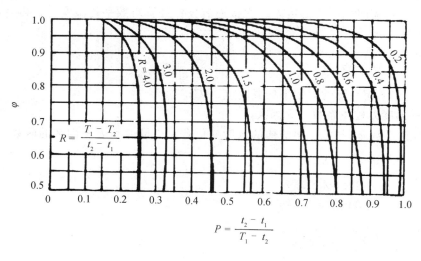

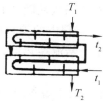

（b）双壳程，四管程或四管程以上

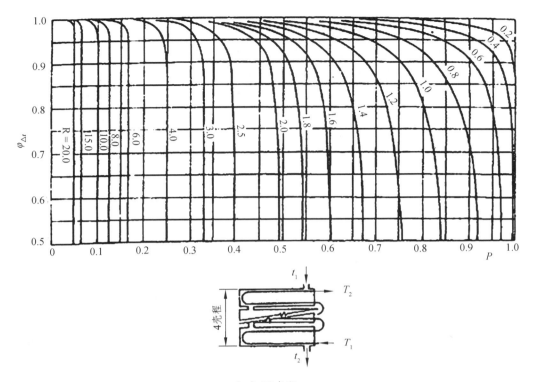

（c）四壳程

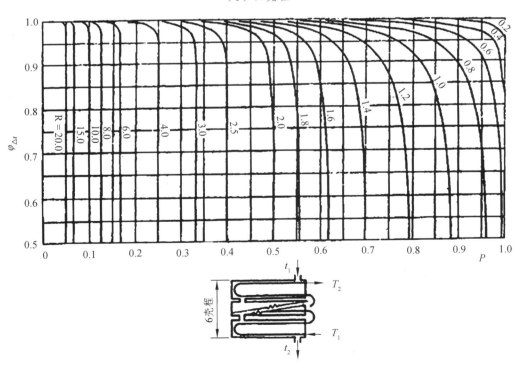

（d）六壳程

图 3-18 对数平均温度差校正系数 $\varphi_{\Delta t}$ 值

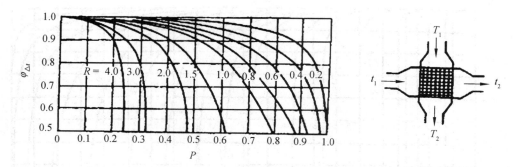

图 3-19　错流时对数平均温度差校正系数 $\varphi_{\Delta t}$ 值

四、总传热系数 K

1. 总传热系数 K 的计算式

总传热系数必须和所选择的传热面积相对应，选择的传热面积不同，总传热系数的数值也不同。

（1）传热面为平壁，此时 $\mathrm{d}S_o = \mathrm{d}S_i = \mathrm{d}S_m$（$S_o$，$S_i$，$S_m$ 分别为管外表面积、管内表面积、管内外表面积的平均值），则得到

$$\frac{1}{K} = \frac{1}{\alpha_1} + \frac{b}{\lambda} + \frac{1}{\alpha_2}$$

（2）传热面为圆筒壁，此时，$\mathrm{d}S_o$ 与 $\mathrm{d}S_i$ 及 $\mathrm{d}S_m$ 三者不相等，得

$$\frac{1}{K} = \frac{\mathrm{d}S}{\alpha_1 \mathrm{d}S_i} + \frac{b\mathrm{d}S}{\lambda \mathrm{d}S_m} + \frac{\mathrm{d}S}{\alpha_2 \mathrm{d}S_o}$$

显然，K 的大小与 $\mathrm{d}S$ 取值有关，$\mathrm{d}S$ 值一般取外表面积 $\mathrm{d}S_o$ 值，则 K 值称为以外表面积为基准的总传热系数。化为

$$\frac{1}{K_o} = \frac{\mathrm{d}S_o}{\alpha_1 \mathrm{d}S_i} + \frac{b\mathrm{d}S_o}{\lambda \mathrm{d}S_m} + \frac{1}{\alpha_2}$$

$$或 \quad \frac{1}{K_o} = \frac{d_o}{\alpha_1 d_i} + \frac{bd_o}{\lambda d_m} + \frac{1}{\alpha_2}$$

式中　d_i，d_o，d_m——管内径、管外径和管内外径的平均值，m。

同理可得

$$\frac{1}{K_i} = \frac{1}{\alpha_1} + \frac{bd_i}{\lambda d_m} + \frac{d_i}{\alpha_2 d_o}$$

$$\frac{1}{K_m} = \frac{d_m}{\alpha_1 d_i} + \frac{b}{\lambda} + \frac{d_m}{\alpha_2 d_o}$$

式中　K_i、K_m——基于管内表面积和管平均表面积的总传热系数。

（3）污垢热阻（又称污垢系数）

换热器的实际操作中，传热表面常有污垢积存，对传热产生附加热阻，使总传热系数降低。由于污垢层的厚度及其导热系数难以测量，因此通常选用污垢热阻的经验值作为计算 K

值的依据。若管壁内、外侧表面上的污垢热阻分别用 R_{si} 及 R_{so} 表示，单位 $m^2 \cdot °C/W$，则

$$\frac{1}{K_o} = \frac{d_o}{\alpha_1 d_i} + R_{si}\frac{d_o}{d_i} + \frac{bd_o}{\lambda d_m} + R_{so} + \frac{1}{\alpha_2}$$

2. 总传热系数 K 的范围

在设计换热器时，常需预知总传热系数 K 值，此时往往先要进行估计。总传热系数 K 值主要受流体的性质、传热的操作条件及换热器类型的影响。K 的变化范围也较大。表 3-1 中列出了几种常见换热情况下的总传热系数。

表 3-1　常见列管换热器传热情况下的总传热系数 K

冷流体	热流体	$K/[W/(m^2 \cdot °C^1)]$
水	水	850 ~ 1700
水	气体	17 ~ 280
水	有机溶剂	280 ~ 850
水	轻油	340 ~ 910
水	重油	60 ~ 280
有机溶剂	有机溶剂	115 ~ 340
水	水蒸气冷凝	1420 ~ 4250
气体	水蒸气冷凝	30 ~ 300
水	低沸点烃类冷凝	455 ~ 1140
水沸腾	水蒸气冷凝	2000 ~ 4250
轻油沸腾	水蒸气冷凝	455 ~ 1020

3. 提高总传热系数的途径

传热过程的总热阻 $\frac{1}{K}$ 是由各串联环节的热阻叠加而成的，原则上减小任何环节的热阻都可提高传热系数。但是，当各环节的热阻相差较大时，总热阻的数值将主要由其中最大的热阻所决定。此时强化传热的关键在于提高该环节的传热系数。例如，当管壁热阻和污垢热阻均可忽略时，可简化为

$$\frac{1}{K} = \frac{1}{\alpha_1} + \frac{1}{\alpha_2}$$

若 $\alpha_1 \gg \alpha_2$，则 $\frac{1}{K} \approx \frac{1}{\alpha_2}$，要提高 K 值，关键在于提高对流传热系数较小一侧的 α_2。若污垢热阻为控制因素，则必须设法减慢污垢形成速率或及时清除污垢。

📋 **任务实施**

【例题 1】

图 3-20 表示在一台套管换热器中硝基苯与冷却水的换热过程，从图中可以看出，硝基苯的温度从 360 K 降至 320 K，冷却水的温度从 288 K 升至 303 K，硝基苯的流量是 2500 kJ/(kg·K)，

硝基苯的比热容是 1.47 kJ/(kg·K)。请计算：① 硝基苯在被冷却的过程中放出了多少热量？
② 要将硝基苯放出的热量带走，需要用多少冷却水？

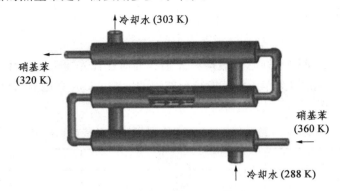

图 3-20   硝基苯与冷却水的换热过程

（1）热量计算公式

$$Q = W_h c_{ph}(T_1 - T_2) = W_c c_{pc}(t_2 - t_1)$$

式中 Q——热量，W 或 J/s；

W_h、W_c——质量流量，kg/s；

c_{ph}、c_{pc}——平均比热容，kJ/(kg·K)；

T_1、T_2——热流体的进口和出口温度，K；

t_1、t_2——冷流体的进口和出口温度，K。

（2）分析硝基苯的已知条件：硝基苯的质量流量 W_h=_____kg/h，比热容 c_{ph}=_____
kJ/(kg·K)，硝基苯的进口温度 T_1=_____K，出口温度 T_2=_____K。

（3）计算硝基苯传出的热量：

Q=_____×1.47×（_____－_____）=_____kJ/h=_____J/s

[答案是：Q=40833.3 J/s（W）]

（4）分析水的已知条件：水的进口温度 t_1=_____K，出口温度 t_2=_____K。

（5）计算水的平均比热容

水的平均温度 $T_{平均} = \dfrac{303+288}{2} = 295.5(K)$

查水的物理性质表得到 $c_{p水}$=4.18 kJ/(kg·K)。

（6）计算冷却水的用量：根据换热原理，在不考虑热损失的情况下，硝基苯传出的热量
全部给了冷却水，也就是说冷却水得到的热量等于硝基苯传出的热量。仍然可以用热量计算
式来计算冷却水得到的热量。

冷却水得到的热量：

$$Q_冷 = G_冷 × 4.18 × （303-288）$$

因为 $Q_冷 = Q_热$_____kJ/h（注意单位）

$G_冷 × 4.18 × （303-288）=147000（kJ/h）$

冷却水的用量 $W_c = \dfrac{147000}{×（ － ）_热} = $ （kg/h）

（答案是：2344.5 kg/h）

通过上面的实例计算，我们了解了当流体的温度发生变化时热量的计算方法，由此可见，热量计算式 $Q = W_h c_{ph}(T_1 - T_2) = W_c c_{pc}(t_2 - t_1)$ 是一个非常重要的公式。

化工生产中的换热还有另外一种情况，请看下面的实例。

【例题2】

图 3-21 表示在夹套换热器中进行的换热过程，在这个过程中，用 100 °C 的水蒸气将容器中的液体加热，水蒸气经过夹层时放出热量并发生了相变化，相变后的冷凝水从底部出口排出，水蒸气的质量流量是 100 kg/h，可以查出水蒸气的汽化热是 2258.3 kJ/kg。在这个换热过程中，水蒸气放出的热量是多少？

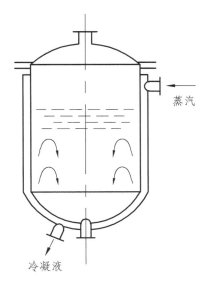

图 3-21　夹套管蒸汽换热过程

（1）我们先来分析一下这个换热过程和例题 1 中的换热过程有什么不同。

在这个换热过程中，我们注意到水蒸气传出热量后冷凝成了水，这就是我们常说的相变传热。而例题 1 中冷、热流体在换热的过程中都没有发生相的变化。那么相变时放出的热量如何计算呢？

流体有相变时的热量计算式：

$$Q = Wr \text{ 或 } Q = G(H_1 - H_2)$$

式中　Q——热量，W 或 J/s；

W——质量流量，kg/s；

r——汽化潜热，kJ/kg；

H——焓，kJ/kg。

（2）分析水蒸气的已知条件：

水蒸气的质量流量 $W_{蒸汽}$ =_____kg/h；温度 T =_____ °C。

查水蒸气的物理性质表得到水蒸气的汽化潜热 r =2221 J/kg。

（3）计算水蒸气冷凝放出的热量

$Q_热=G_{蒸汽}r=$_____$=222100$ kJ/h$=$_____J/s（W）

通过上面两个实例的学习，我们知道了两个热量计算公式，这两个公式都有一定的应用条件，请同学们仔细思考，并回答下面的问题：

当流体在传热过程中只发生温度变化时，热量计算公式为_____。

当流体在传热过程中发生了相变化时，热量计算公式为_____。

【例题 3】

在任务实施的【例题 1】中，2500 kg/h 的硝基苯，温度从 360 K 降至 320 K，传出的热量是 40833.3 J/s。现有一台换热器，其传热总系数为 68 W/(m² · K)，传热面积为 25 m²，冷热流体的有效温度差为 42 K。请核算一下这台换热器能否按要求将硝基苯冷却。

计算公式：换热器的传热速率计算式：

$$Q=KA\Delta t_m$$

分析已知条件：传热总系数 $K=68$ W(m² ·K)；传热面积 $A=$_____m²；有效温度差为_____K。

计算传热速率：$Q=KA\Delta T_m=$_____$\times 25\times$_____$=$_____J/s。

分析换热器的传热能力：该换热器的传热速率为 $Q=71400$ J/s，硝基苯冷却要放出的热量 $Q=40833.3$ J/s，可知该换热器的传热速率大于生产任务（热负荷），所以该换热器能按要求将硝基苯冷却。

【例题 4】

热空气在冷却管管外流过，$\alpha_2=90$ W/(m² · ℃)，冷却水在管内流过，$\alpha_1=1000$ W/(m² · ℃)。冷却管外径 $d_o=16$ mm，壁厚 $b=1.5$ mm，管壁的 $\lambda=40$ W/(m · ℃)。试求：

① 总传热系数 K_o；

② 管外对流传热系数 α_2 增加一倍，总传热系数有何变化？

③ 管内对流传热系数 α_1 增加一倍，总传热系数有何变化？

解：① 由 K 值计算式可知

$$K_o=\cfrac{1}{\cfrac{1}{\alpha_1}\cfrac{d_o}{d_i}+\cfrac{b}{\lambda}\cfrac{d_o}{d_m}+\cfrac{1}{\alpha_2}}$$

$$=\cfrac{1}{\cfrac{1}{1000}\times\cfrac{16}{13}+\cfrac{0.0015}{40}\times\cfrac{16}{14.5}+\cfrac{1}{90}}$$

$$=\cfrac{1}{0.00123+0.00004+0.01111}$$

$$=80.8\ [\text{W/(m}^2\cdot ℃)]$$

可见，管壁热阻很小，通常可以忽略不计。

②
$$K_o=\cfrac{1}{0.00123+\cfrac{1}{2\times 90}}=147.4\ [\text{W/(m}^2\ ℃)]$$

传热系数增加了 82.4%。

③ $$K_o = \cfrac{1}{\cfrac{1}{2 \times 1000} \times \cfrac{16}{13} + 0.01111} = 85.3 \, [\text{W/(m}^2 \, ^\circ\text{C)}]$$

传热系数只增加了 6%，说明要提高 K 值，应提高较小的 α_2 值。

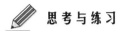 **思考与练习**

1. 一红砖平面墙厚度为 500 mm，一侧壁面温度为 200 °C，另一侧壁面温度为 30 °C，红砖的导热系数可取为 0.57 W/(m · °C)。求：（1）通过平壁的热传导通量 q。（2）平壁内距离高温侧 350 mm 处的温度。

2. 求绝压为 140 kPa，流量为 1000 kg/h 的饱和水蒸气冷凝后并降温到 60 °C 时所放出的热量。用两种方法计算并比较结果。已知 140 kPa 水蒸气的饱和温度为 109.2 °C，冷凝热为 2234.4 kJ/kg，焓为 2692.1 kJ/kg；60 °C 水的焓为 251.21 kJ/kg。

3. 将 0.417 kg/s、80 °C 的有机苯，通过一换热器冷却到 40 °C；冷却水初温为 30 °C，出口温度不超过 35 °C。假设热损失可略，已查出在平均温度下，硝基苯和水的比热容分别为 1.6 kJ/(kg · °C)。

求：（1）冷却水用量（m³/h）？

（2）在（1）题中，如将冷却水的流量增加到 6 m³/h，此时冷却水的终温是多少？

4. 在一台套管式换热器中，用热水加热冷水。热水流量为 2000 kg/h，进口温度为 80 °C，冷水流量为 3000 kg/h，进口温度为 10 °C，热损失可忽略，且热水和冷水的比热容相等，都取为 4.187 kJ/(kg · °C)。求：（1）若要求将冷水加热到 30 °C，此时并流和逆流的平均温度差 Δt_m。（2）若要将冷水加热到 40 °C，采用并流能否完成任务？（计算后说明）

5. 在一单壳程、四管程的列管式换热器中，用水冷却苯。苯在管内流动，进口温度为 80 °C，出口温度为 35 °C；冷却水进口温度 23 °C，出口温度为 30 °C。求两流体间的传热平均温度差 Δt_m。

6. 有一列管换热器由 ϕ25 mm×2.5 mm、长为 3 m 的 60 根钢管组成。热水走管内，其进、出口温度分别为 70 °C 和 30 °C；冷水走管间，其进、出口温度分别为 20 °C 和 40 °C，冷水流量为 1.2 kg/s。两流体作逆流流动，假设热水和冷水的平均比热容均为 4.2 kJ/(kg · °C)，换热器的热损失可忽略。求总传热系数 K_o。

7. 流量为 1930 kg/h，温度为 90 °C 的正丁醇在换热器中被冷却到 50 °C，冷却介质为 18 °C 的水。在平均温度下（70 °C）正丁醇的比热容为 2.98 kJ/(kg · °C)，取水的比热容为 4.187 kJ/(kg · °C)。若换热器的传热面积为 6 m²，总传热系数为 230 W/(m² · °C)。求：（1）冷却水出口温度 t_2；（2）冷却水消耗量(m³/h)（假设两流体作逆流）。

任务四　传热单元操作实训

 训练目标

记忆：（1）传热装置中，各设备名称及作用。

　　　（2）传热装置的工艺流程图。

理解：套管式换热器、列管式换热器、板式换热器的工作原理及结构。

运用：根据所学传热的理论知识进行换热器系统操作。

　　　（1）列管式换热器的逆、并流操作。

　　　（2）列管式换热器与板式换热器的串并联操作。

　　　（3）套管式换热器的操作。

训练准备

了解精馏塔的工作原理及精馏塔达到稳定的判断方法。

实训操作步骤

利用冷热流体的温度差，在列管式换热器内一种流体走管程，另一种流体走壳程，两流体互不混合，通过换热器的管壁实现两流体的热量交换。该实验所用换热介质为列管式换热器：冷流体——冷空气，热液体——热空气；套管式换热器：冷流体——冷空气，热流体——低压蒸汽。

一、各项工艺操作指标

压力控制：蒸汽发生器内压力：0 ~ 0.1 MPa；

套管式换热器内压力：0 ~ 0.05 MPa；

温度控制：热风加热器出口热风温度：0 ~ 75 ℃，高位报警：H=100 ℃；

水冷却器出口冷风温度：0 ~ 30 ℃；

列管式换热器冷风出口温度：40 ~ 50 ℃，高位报警：H=70 ℃；

流量控制：冷风流量：15 ~ 60 m³/h；

热风流量：30 ~ 60 m³/h；

液位控制：蒸汽发生器液位：200 ~ 500 mm，低位报警：L=200 mm。

二、开车步骤

1. 开车前准备

（1）由相关操作人员组成装置检查小组，对本装置所有设备、管道、阀门、仪表、电气、保温等按工艺流程图要求和专业技术要求进行检查。

（2）检查所有仪表是否处于正常状态。

（3）检查所有设备是否处于正常状态。

（4）试电：

① 检查外部供电系统，确保控制柜上所有开关均处于关闭状态。

② 开启总电源开关。

③ 打开控制柜上空气开关（1QF）。

④ 打开装置仪表电源总开关（2QF），打开仪表电源开关（SA1），查看所有仪表是否上电，指示是否正常。

⑤ 将各阀门顺时针旋转操作到关的状态。检查孔板流量计正压阀和负压阀是否均处于开启状态（实验中保持开启）。

2. 开车

由于本设计可以对几种换热器进行不同组合，形成多种运行方式，在本任务中对每一种运行方式分别叙述其开车程序：

（1）列管换热器单独使用，且冷、热流体并流操作，则开车程序为：

① 开启冷风机出口阀（VA04），开启水冷却器空气出口阀（VA07），列管换热器冷风进口阀（VA08）和出口阀（VA11），水冷却器冷却水进水阀（VA01）和水冷却器出水阀（VA03），关闭冷风管路上的其他阀门。启动冷风风机（C601），通过水冷却器冷风出口阀（VA07）调节冷风出口流量稳定在 15 ~ 60 m³/h 之间的一个值。

② 通过水冷却器冷却水进口阀（VA01）调节冷却水流量，控制水冷却器的冷空气出口温度稳定在 0 ~ 30 ℃。

③ 依次打开热风机出口阀（VA05），列管式换热器热风进口阀（VA13）、热风出口阀（VA16 和 VA18），关闭热风管路上的其他阀门。

④ 启动热风机（C602），调节列管换热器热风进口流量稳定在 15 ~ 60 m³/h 之间的一个值，开启热风加热器，调节热风电加热器加热功率，控制加热器出口热风温度稳定（一般控制在 70 ~ 75 ℃）。用热风对所操作的设备及相关的管道进行预热，直到板式换热器热风出口温度稳定（一般控制在 60 ℃ 以上）。使操作设备充分预热是实验成功的关键。

⑤ 待列管换热器的冷、热风出口温度恒定时，可认为换热过程达到平衡，在操作表上记录有关的工艺参数 3 组（注：每 5 min 记录一次）。

（2）列管换热器单独使用，且冷、热流体逆流操作，则开车程序为：

① 开启冷风机出口阀（VA04），开启水冷却器空气出口阀（VA07），列管换热器冷风进口阀（VA08）和出口阀（VA11），水冷却器冷却水进口阀（VA01）和出口阀（VA03），关闭冷风管路上的其他阀门。启动冷风机（C601），通过水冷却器冷风出口阀（VA07）调节冷风出

口流量稳定在 15～60 m³/h 之间的一个值。

②通过水冷却器冷却水进水阀（VA01）调节冷却水流量，控制水冷却器的冷空气出口温度稳定在 0～30 ℃。

③依次开启热风机出口阀（VA05）、列管式换热器热风进口阀（VA14）和出口阀（VA17 和 VA18），关闭热风管路上的其他阀门。

④启动热风机（C602），调节列管换热器热风进口流量稳定在 15～60 m³/h 之间的一个值，开启热风加热器（E605），调节热风电加热器加热功率，控制加热器出口热风温度稳定（一般控制在 70～75 ℃）。用热风对所操作的设备及相关的管道进行预热，直到板式换热器热风出口温度稳定（一般控制在 60 ℃ 以上）。使操作设备充分预热是实验成功的关键。

⑤待列管换热器的冷、热风出口温度恒定时，可认为换热过程达到平衡，在操作表上记录有关的工艺参数 3 组（注：每 5 min 记录一次）。

（3）板式换热器单独使用，则开车程序为：

① 开启冷风机出口阀（VA04），开启水冷却器空气出口阀（VA07），板式换热器冷风进口阀（VA09），冷却水进口阀（VA01）和冷却水出口阀（VA03），关闭冷风管路上的其他阀门。启动冷风机（C601），通过水冷却器冷风出口阀（VA07）调节冷风出口流量稳定在 15～60 m³/h 之间的一个值。

② 通过水冷却器进水阀（VA01）调节冷却水流量，控制水冷却器的冷空气出口温度稳定在 0～30 ℃。

③ 依次开启热风机出口阀（VA05）、板式换热器热风进口阀（VA20），关闭热风管路上的其他阀门。

④ 启动热风机（C602），调节板式换热器热风进口流量稳定在 15～60 m³/h 之间的一个值，开启热风加热器，调节热风电加热器加热功率，控制加热器出口热风温度稳定（一般控制在 70～75 ℃）。用热风对所操作的设备及相关的管道进行预热，直到螺旋板换热器热风出口温度稳定（一般控制在 60 ℃ 以上）。使操作设备充分预热是实验成功的关键。

⑤ 待板式换热器的冷、热风出口温度恒定时，可认为换热过程达到平衡，在操作表上记录有关的工艺参数 3 组（注：每 5 min 记录一次）。

（4）列管式换热器（并流）与板式换热器串联，则开车程序为：

① 开启冷风机出口阀（VA04），开启水冷却器空气出口阀（VA07），列管换热器冷风进口阀（VA08）和列管换热器冷风出口阀（VA12），水冷却器冷却水进口阀（VA01）和出口阀（VA03），关闭冷风管路上的其他阀门。启动冷风机（C601），通过水冷却器冷风出口阀（VA07）调节冷风出口流量稳定在 15～60 m³/h 之间的一个值。

② 通过水冷却器进水阀（VA01）调节冷却水流量，控制水冷却器的冷空气出口温度稳定在 0～30 ℃。

③ 依次开启热风机出口阀（VA05）、列管式换热器热风进口阀（VA13）、出口阀（VA16）和板式换热器热风进口阀（VA19），关闭热风管路上的其他阀门。

④启动热风机（C602），调节列管换热器热风进口流量稳定在 15～60 m³/h 之间的一个值，开启热风加热器，调节热风电加热器加热功率，控制加热器出口热风温度稳定（一般控制在

70 ~ 75 ℃）。用热风对所操作的设备及相关的管道进行预热，直到板式换热器热风出口温度稳定（一般是 60 ℃ 以上）。使操作设备充分预热是实验成功的关键。

⑤待板式换热器的冷、热风出口温度恒定时，可认为换热过程达到平衡，在操作表上记录有关的工艺参数 3 组（注：每 5 min 记录一次）。

（5）列管式换热器（逆流）与板式换热器并联，则开车程序为：

①开启冷风机出口阀（VA04），开启水冷却器空气出口阀（VA07），列管换热器冷风进口阀（VA08）和列管换热器冷风出口阀（VA12），水冷却器冷却水进口阀（VA01）和出口阀（VA03），关闭冷风管路上的其他阀门。启动冷风机（C601），通过水冷却器冷风出口阀（VA07）调节冷风出口流量稳定在 15 ~ 60 m³/h 之间的一个值。

②通过水冷却器进水阀（VA01）调节冷却水流量，控制水冷却器的冷空气出口温度稳定在 0 ~ 30 ℃。

③依次开启热风机出口阀（VA05）、列管式换热器热风进口阀（VA14）和出口阀（VA17），螺旋板换热器热风进口阀（VA19），关闭热风管路上的其他阀门。

④启动热风机（C602），调节列管换热器热风进口流量稳定在 15 ~ 60 m³/h 之间的一个值，开启热风加热器，调节热风电加热器加热功率，控制加热器出口热风温度稳定（一般控制在 70 ~ 75 ℃）。用热风对所操作的设备及相关的管道进行预热，直到板式换热器热风出口温度稳定在 60 ℃ 以上。使操作设备充分预热是实验成功的关键。

⑤待列管换热器的冷、热风出口温度恒定时，可认为换热过程达到平衡，在操作表上记录有关的工艺参数 3 组（注：每 5 min 记录一次）。

（6）套管式换热器，开车程序为：

①打开蒸汽发生器进水阀（VA29）和放空阀（VA27），关闭其他阀门。对蒸汽发生器加水，加至 250 mm 左右，关闭进水阀。关闭蒸汽发生器放空阀（VA27）。

②打开控制面板加热开关，调节加热开度（最大不能超过 80%），对蒸汽发生器内的水加热。控制加热器加热功率，当蒸汽发生器内的压力大于 0.15 MPa 时，把加热功率开度调至 50%。

③打开蒸汽发生器蒸汽出口阀（VA26），打开疏水器阀组（VA22、VA23、VA24）及旁路阀（VA21），徐徐打开套管换热器蒸汽出口阀（VA26），控制套管式换热器内蒸气压力为 0.02 MPa。对套管式换热器进行预热。此步骤中务必控制套管换热器蒸汽进口流量要小。

④待套管换热器内的蒸气压力稳定时，认为设备预热已经充分。然后依次开启冷风机出口阀（VA04），水冷却器冷风出口阀（VA07），套管式换热器冷风进口阀（VA10）。关闭冷风管路上的其他阀门。启动冷风机，向套管换热器内通冷风。通过水冷却器冷风出口阀（VA07）控制冷风出口流量稳定在 15 ~ 60 m³/h 之间的一个值。

⑤通过水冷却器的冷却水流量控制水冷却器冷风出口温度。

⑥待冷风进出口温度和套管式换热器内蒸气压力基本恒定时，可认为换热过程基本平衡，记录相应的工艺参数 3 组（注：每 5 min 记录一次）。

3. 停车操作

（1）关闭蒸汽发生器电加热器，关闭蒸汽出口阀（VA25、VA26），待套管换热器内的蒸汽系统压力卸除后，关闭套管式换热器疏水器阀组旁路阀（VA21）。让蒸汽发生器自然冷却，待发生器内的压力降为常压后，打开发生器放空阀（VA27）。待发生器内的温度降到 50 ℃ 以下时，打开发生器排污阀（VA30），排出发生器内的积水。

（2）停热风加热器。

（3）继续大流量运行冷风风机和热风风机，当冷风风机出口总管温度接近常温时，停冷风机、停冷风机出口冷却器冷却水；当热风机出口总管温度低于 40 ℃ 时，停热风机。

（4）将套管式换热器中残留的水蒸气冷凝液排净。

（5）装置系统温度降至常温后，各设备内的积水排净后，关闭系统所有阀门。

（6）切断控制台、仪表盘电源。

（7）清理现场，做好设备、管道、阀门维护工作。

4. 正常操作注意事项

（1）经常检查蒸汽发生器运行状况，注意水位和蒸气压力变化，蒸汽发生器水位不得低于 200 mm，如有异常现象，应及时处理。

（2）经常检查风机运行状况，注意电机温升。

（3）蒸汽发生器不得干烧，热风加热器运行时，空气流量不得低于 30 m³/h，热风机停车时，空气温度不得超过 40 ℃。

（4）在换热器操作中，首先通入热风或水蒸气对设备预热，待设备热风进、出温度基本一致时，再开始传热实验操作。

（5）当蒸汽发生器内液位不够时不能马上补水，要先停止加热，待发生器内压力降为常压以后方能补水。

（6）当需要用手去感知正在运行设备的温度时，务必不要用手心接触设备，一定要用手背去触摸设备。

三、数据记录

传热操作实训操作报表（见实训教材）。

四、实训注意事项

（1）每改变一次流量，一定要使传热过程达到稳定之后，才能测取数据。若数据最后在两个数值之间跳动，可取这两个数的平均值。

（2）在并流实验和逆流实验转换时，要注意阀门的开关情况。

（3）本实验表明流体的流量和流向对冷却或加热有着很大的影响。

（4）传热在化工行业中起着不可或缺的作用，因此熟悉传热操作的过程和原理对于学生以后的工作有很大的帮助。

附图

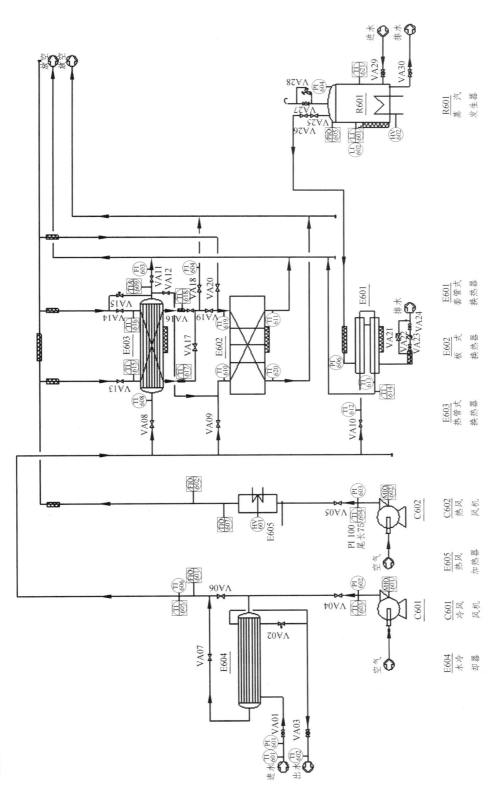

图 3-22 传热操作实训装置

任务五   列管换热器单元仿真操作

训练目标

（1）了解换热器流程与作用，学会换热器的操作。
（2）掌握换热器操作中故障的分析、判断及排除。

训练准备

（1）了解换热器的结构、特性及换热过程的基本原理。
（2）掌握计算机控制系统的基本操作。

训练步骤

一、工艺简介

1. 工艺流程简介

换热器是进行热交换操作的通用工艺设备，广泛应用于化工、石油、石油化工、动力、冶金等工业部门，特别是在石油炼制和化学加工装置中，占有重要地位。换热器的操作技术培训在整个操作培训中尤为重要。

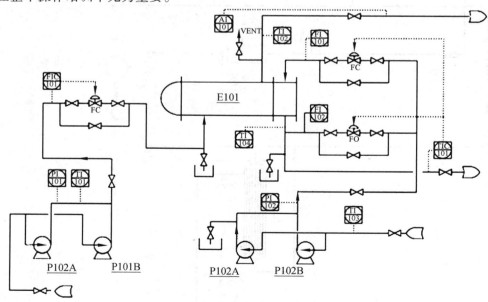

图 3-23   换热器单元仿真

本单元设计采用管壳式换热器。来自外界的 92 ℃冷物流（沸点：198.25 ℃）由泵 P101A/B

送至换热器 E101 的壳程,被流经管程的热物流加热至 145 ℃,并有 20%被汽化。冷物流流量由流量控制器 FIC101 控制,正常流量为 12000 kg/h。来自另一设备的 225 ℃ 热物流经泵 P102A/B 送至换热器 E101,与流经壳程的冷物流进行热交换,热物流出口温度由 TIC101 控制(177 ℃)(图 3-23)。

为保证热物流的流量稳定,TIC101 采用分程控制,TV101A 和 TV101B 分别调节流经 E101 和副线的流量,TIC101 输出 0%～100%分别对应 TV101A 开度 0%～100%,TV101B 开度 100%～0%。

2. 本单元复杂控制方案说明

TIC101 的分程控制线如图 3-24 所示。

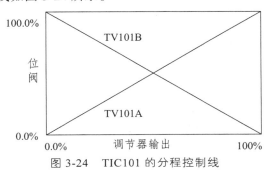

图 3-24　TIC101 的分程控制线

补充说明:

本单元现场图中,现场阀旁边的实心红色圆点代表高点排气和低点排液的指示标志,当完成高点排气和低点排液时实心红色圆点变为绿色。

3. 设备一览

P101A/B:冷物流进料泵;

P102A/B:热物流进料泵;

E101:列管式换热器。

二、换热器单元操作规程

1. 开车操作规程

本操作规程仅供参考,详细操作以评分系统为准。

装置的开工状态为换热器处于常温常压下,各调节阀处于手动关闭状态,各手操阀处于关闭状态,可以直接进冷物流。

(1)启动冷物流进料泵 P101A。

① 开换热器壳程排气阀 VD03。

② 开 P101A 泵的前阀 VB01。

③ 启动泵 P101A。

④ 当进料压力指示表 PI101 指示达 9.0 atm 以上,打开 P101A 泵的出口阀 VB03。

(2)冷物流 E101 进料。

① 打开 FIC101 的前后阀 VB04、VB05,手动逐渐开大调节阀 FV101(FIC101)。

② 观察壳程排气阀 VD03 的出口,当有液体溢出时(VD03 旁边标志变绿),标志着壳程

已无不凝性气体，关闭壳程排气阀 VD03，壳程排气完毕。

③ 打开冷物流出口阀（VD04），将其开度置为 50%，手动调节 FV101，使 FIC101 达到 12000 kg/h 且较稳定时，FIC101 设定为 12000 kg/h，投自动。

（3）启动热物流入口泵 P102A。

① 开管程放空阀 VD06。

② 开 P102A 泵的前阀 VB11。

③ 启动 P102A 泵。

④ 当热物流进料压力表 PI102 指示大于 10 atm 时，全开 P102 泵的出口阀 VB10。

（4）热物流进料。

① 全开 TV101A 的前后阀 VB06、VB07，TV101B 的前后阀 VB08、VB09。

② 打开调节阀 TV101A（默认即开）给 E101 管程注液，观察 E101 管程排气阀 VD06 的出口，当有液体溢出时（VD06 旁边标志变绿），标志着管程已无不凝性气体，此时关管程排气阀 VD06，E101 管程排气完毕。

③ 打开 E101 热物流出口阀（VD07），将其开度置为 50%，手动调节管程温度控制阀 TIC101，使其出口温度在（177±2）℃，且较稳定，TIC101 设定在 177 ℃，投自动。

2. 正常操作规程

（1）正常工况操作参数。

① 冷物流流量为 12000 kg/h，出口温度为 145 ℃，气化率 20%。

② 热物流流量为 10000 kg/h，出口温度为 177 ℃。

（2）备用泵的切换。

① P101A 与 P101B 之间可任意切换。

② P102A 与 P102B 之间可任意切换。

3. 停车操作规程

（1）停热物流进料泵 P102A。

① 关闭 P102 泵的出口阀 VB01。

② 停 P102A 泵。

③ 待 PI102 指示小于 0.1 atm 时，关闭 P102 泵入口阀 VB11。

（2）停热物流进料。

① TIC101 置手动。

② 关闭 TV101A 的前后阀 VB06、VB07。

③ 关闭 TV101B 的前后阀 VB08、VB09。

④ 关闭 E101 热物流出口阀 VD07。

（3）停冷物流进料泵 P101A。

① 关闭 P101 泵的出口阀 VB03。

② 停 P101A 泵。

③ 待 PI101 指示小于 0.1 atm 时，关闭 P101 泵入口阀 VB01。

（4）停冷物流进料。

① FIC101 置手动。

② 关闭 FIC101 的前后阀 VB04、VB05。

③ 关闭 E101 冷物流出口阀 VD04。

（5）E101 管程泄液。

打开管程泄液阀 VD05，观察管程泄液阀 VD05 的出口，当不再有液体泄出时，关闭泄液阀 VD05。

（6）E101 壳程泄液。

打开壳程泄液阀 VD02，观察壳程泄液阀 VD02 的出口，当不再有液体泄出时，关闭泄液阀 VD02。

三、事故设置一览

下列事故处理操作仅供参考，详细操作以评分系统为准。

1. FIC101 阀卡

主要现象：（1）FIC101 流量减小。

（2）P101 泵出口压力升高。

（3）冷物流出口温度升高。

事故处理：关闭 FIC101 前后阀，打开 FIC101 的旁路阀（VD01），调节流量使其达到正常值。

2. P101A 泵坏

主要现象：（1）P101 泵出口压力急骤下降。

（2）FIC101 流量急骤减小。

（3）冷物流出口温度升高，汽化率增大。

事故处理：关闭 P101A 泵，开启 P101B 泵。

3. P102A 泵坏

主要现象：（1）P102 泵出口压力急骤下降。

（2）冷物流出口温度下降，汽化率降低。

事故处理：关闭 P102A 泵，开启 P102B 泵。

4. TV101A 阀卡

主要现象：（1）热物流经换热器换热后的温度降低。

（2）冷物流出口温度降低。

事故处理：关闭 TV101A 前后阀，打开 TV101A 的旁路阀（VD01），调节流量使其达到正常值。关闭 TV101B 前后阀，调节旁路阀（VD09）。

5. 部分管堵

主要现象：（1）热物流流量减小。

（2）冷物流出口温度降低，汽化率降低。

（3）热物流 P102 泵出口压力略升高。

事故处理：停车，拆换热器清洗。

6. 换热器结垢严重

主要现象：热物流出口温度高。

事故处理：停车，拆换热器清洗。

四、仿真界面

本实训仿真界面如图 3-25、图 3-26 所示。

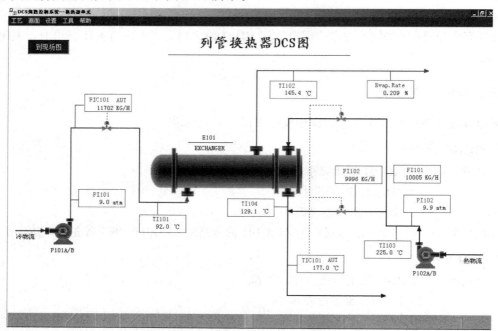

图 3-25　列管换热器单元仿真（一）

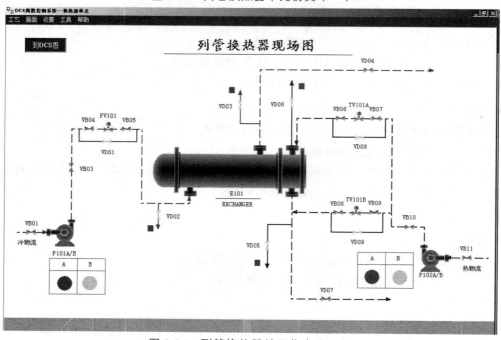

图 3-26　列管换热器单元仿真（二）

思考与练习

1. 冷态开车是先送冷物料，后送热物料；而停车时又要先关热物料，后关冷物料，为什么？

2. 开车时不排出不凝性气体会有什么后果？如何操作才能排净不凝性气体？

3. 为什么停车后管程和壳程都要高点排气、低点泄液？

4. 你认为本系统调节器 TIC101 的设置合理吗？如何改进？

5. 影响间壁式换热器传热量的因素有哪些？

6. 传热有哪几种基本方式，各自的特点是什么？

模块四　蒸　发

蒸发是化工、食品、医药、海水淡化等生产领域广泛使用的一种单元操作。硝铵、烧碱、制糖等生产中将溶液加以浓缩；通过脱除溶液中的杂质以制取较纯溶剂；在植物油脂加工过程中，油脂浸出车间混合油的浓缩、油脂精炼车间磷脂的浓缩以及肥皂车间甘油水溶液的浓缩等，都是蒸发操作。例如，在化工生产中，用电解法制得烧碱溶液的浓度一般只有 10% 左右，要得到符合工艺要求的 42% 左右浓碱液，需通过蒸发操作；在制糖工业中，从甘蔗中提取出来的蔗汁澄清处理后，必须经过蒸发工段浓缩成糖浆，才能适应煮糖结晶的要求。

任务一　蒸发的特点与应用

 任务引入

玉米脱籽后的穗轴，俗称玉米芯，一般占玉米穗的 20%～30%。过去，在我国通常是将玉米芯丢弃处理或作为燃料，造成较大的浪费和环境污染。以玉米芯为原料可制取木糖醇，木糖醇是一种具有较高营养价值的白色晶体，味甜，易溶于乙醇及水中，甜度比蔗糖高，但热值较低，易被人体吸收，不刺激胰岛素的分泌，不会使人体血糖急剧升高，是糖尿病人理想的甜味剂。木糖醇也是重要的化工原料，广泛用于皮革、塑料、油漆、涂料等方面。

任 务 分 析

以玉米芯为原料制备木糖醇，用热水先将其浸泡，然后加入硫酸水解，再加入石灰乳中和、提纯处理，得到净化的木糖液。采用镍做催化剂对木糖液催化加氢，将生成的氢化液过滤，得到含 12%木糖醇的氢化液。把该氢化液送入蒸发器中进行真空蒸发，浓缩至木糖醇浓度达 85% ~ 86%。用泵将木糖醇浓缩液送至结晶机结晶，然后送入离心机离心分离得到木糖醇。

相 关 知 识

一、蒸发操作的应用

利用溶质和溶剂挥发度的差异，将含有非挥发性溶质的溶液加热至沸腾，使部分或全部溶剂不断汽化除去，得到浓缩溶液或制剂的单元操作称为蒸发。蒸发操作的主要作用有：

（1）获得浓缩溶液，将浓缩液直接作为化工产品或半成品，如果汁浓缩、稀碱浓缩等。

（2）脱除溶剂，经蒸发获得饱和溶液，随后加以冷却，析出固体产物，即采用蒸发、结晶的联合操作以获得固体溶质。

（3）提纯溶剂，去除杂质获得较为纯净的溶剂。例如，蒸发海水获得较为纯净的淡水。

二、蒸发操作时应考虑的因素

由于蒸发操作是将挥发性溶剂与非挥发性溶质分离的过程，故溶剂的汽化速率由传热速率决定。蒸发操作实质上为传热过程，其设备为传热设备。

蒸发操作过程是给溶剂提供热量使其汽化，同时将汽化的蒸气及时排出。蒸发器的加热室一般使用间壁式换热器，其两侧为恒温。相对于一般传热过程，蒸发操作时应注意以下几点：

1. 溶液的沸点

溶液中含有非挥发性溶质，会导致溶液的蒸气压比纯溶剂的蒸气压低，即在相同条件下，溶液的沸点会比纯溶剂的沸点高。溶液中非挥发性溶质含量越高，其沸点越高。因溶液沸点升高等因素会引起温度差损失，在设计和操作蒸发器时是必须要考虑的。

2. 物料及工艺特性

在蒸发操作过程中，溶液中的溶质或杂质在加热表面沉积而形成垢层，会影响传热效果；有些溶液浓缩后具有较大的腐蚀性、黏度；有的溶质对热敏感，高温下易分解或易聚合等。因此，在设计和选用蒸发器时，首先应考虑被蒸发物料的性质及相关工艺条件，再根据实际情况选择合适的蒸发器。

3.能源利用

蒸发过程是溶剂汽化过程，蒸发时产生大量溶剂蒸气。因此，应充分考虑热能利用，节能和能源重复利用是蒸发操作应考虑的重要问题。

三、蒸发过程分类

蒸发过程分类方式有以下三种：

（1）按操作压力，可分为常压蒸发、加压蒸发和减压（真空）蒸发。导热油、丙烷脱沥青、熔盐等由于黏度较大，采用加压、高温热源加热进行蒸发；抗生素、果汁、食用油脂等由于对热敏感，为了保证其产品质量，必须在较低温度下蒸发浓缩，则需采用减压（真空）操作以降低溶液的沸点。但由于沸点降低，溶液的黏度相应增大，而且制造真空环境需要增加设备和动力。因此，一般无特殊要求的溶液，则采用常压蒸发。

（2）按操作方式，可分为间歇蒸发与连续蒸发。工业上大规模的生产过程通常采用连续蒸发。

（3）按蒸发操作产生的二次蒸汽是否再作为蒸发器的热源利用（效数），可分为单效蒸发与多效蒸发。若蒸发产生的二次蒸汽直接冷凝不再利用，称为单效蒸发。若将二次蒸汽作为下一效加热蒸汽，并将多个蒸发器串联，此蒸发过程即为多效蒸发。

工业上被蒸发液大多选择水作为溶剂，故本模块仅讨论水溶液的蒸发。但其基本原理和设备对于非水溶液的蒸发，原则上也适用或可作参考。

思考与练习

1. 什么叫蒸发？
2. 蒸发操作的特点是什么？
3. 蒸发操作的分类有哪些？
4. 蒸发操作可应用在哪些方面？

任务二　单效蒸发

任务引入

牛奶由于营养丰富，一直是大众喜欢的营养食品。随着生活水平的提高，越来越多的人倾向于选择乳固体含量高的牛奶。原料奶中乳固体含量受到产地和季节的影响，差异较大。为了保证牛奶、酸奶等乳制品的品质，一般将原料奶适度浓缩。

任务分析

牛奶浓缩主要技术之一是单效蒸发，通过单效蒸发可有效将牛奶适度浓缩。对于单效蒸发，在给定生产任务和确定了操作条件后，通常需要计算水分蒸发量、加热蒸汽消耗量等。

相关知识

单效蒸发是指溶液在单个蒸发器和附属设备所组成的装置内蒸发，所产生的二次蒸汽不再利用。

图 4-1 为常见单效蒸发装置示意图。蒸发器主要由加热室 1、蒸发室 4（又称为分离室）组成。加热室内有很多列管式换热器，管间加入蒸汽作为加热热源，加热蒸汽在加热室的管间流动，将热量通过管壁传给列管内的溶液，使列管内液体沸腾并汽化。气液混合物则在分离室中分离，其中液体又流回加热室，当浓缩到规定浓度（称为完成液）后从蒸发器底部排出；汽化产生的水蒸气（又称二次蒸气）经汽液分离后送往冷凝室 6，冷凝除去。

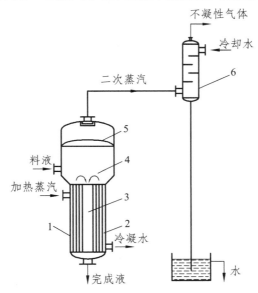

图 4-1　蒸发装置流程示意图

1—加热室；2—加热管；3—中央循环管；4—蒸发室；5—除沫室；6—冷凝室

目前工业上大多采用多效蒸发操作，但多效蒸发计算较为复杂，可将多效蒸发视为若干个单效蒸发的组合，故只讨论连续操作单效蒸发的有关计算。

对于单效蒸发，可通过物料衡算、热量衡算、传热方式等来计算溶剂蒸发量、加热蒸汽消耗量等。

一、蒸发水量的计算

蒸发水量是指单位时间内从溶液中蒸发出来的水量或其他溶剂量（又称为溶剂蒸发量），蒸发水量是衡量蒸发器生产能力的指标。

图 4-2 为单效蒸发物料衡算图，蒸发过程中溶质的损失忽略不计，可得其物料衡算公式为

$$Fx_0 = (F - W)x_1 = Lx_1 \text{ 或 } W = F\left(1 - \frac{x_0}{x_1}\right)$$

式中　F——原料液量，kg/h；

　　　W——蒸发水量，kg/h；

　　　L——完成液量，kg/h；

　　　x_0——原料液中溶质的浓度，%（质量分数）；

　　　x_1——完成液中溶质的浓度，%（质量分数）。

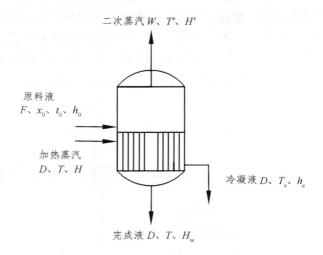

图 4-2　单效蒸发物料衡算

二、加热蒸汽消耗量的计算

在单效蒸发中，加热蒸汽通过换热管将溶液加热至沸，将溶液中的水加热为蒸汽和热量。可通过热量衡算求出加热蒸汽消耗量。通常，加热蒸汽为饱和蒸汽，且冷凝后在饱和温度下排出，则加热蒸汽仅放出潜热用于蒸发。若原料液在低于沸点温度下进料，得出热量衡算公式为

$$Q = Dr = Fc_{p_0}\left(t_1 - t_0\right) + Wr' + Q_损$$

式中　Q——蒸发器的热负荷或传热速率，kJ/h；

　　　D——加热蒸汽消耗量；

　　　c_{p_0}——原料液比热容，kJ/(kg·℃)；

　　　t_0——原料液的温度，℃；

　　　t_1——溶液的沸点，℃；

　　　r——加热蒸汽的汽化潜热，kJ/kg；

　　　r'——二次蒸汽的汽化潜热，kJ/kg；

　　　$Q_损$——蒸发器的热量损失。

根据经验公式计算溶液的比热容：

$$c_{p_0} = c_{pW}\left(1 - x\right) + c_{pB}X$$

式中 $c_{p\text{W}}$——水的比热容，kJ/(kg·℃)；

$\quad\quad c_{p\text{B}}$——溶质的比热容，kJ/(kg·℃)。

由热量衡算式可知加热蒸汽消耗量为

$$D = \frac{Fc_{p_0}\left(t_1 - t_0\right) + Wr' + Q_{损}}{r}$$

若原料加热到沸点时进料，则 $t_1 = t_0$，并不计热量损失，则上式可简化为

$$D = \frac{Wr'}{r}$$

或

$$\frac{D}{W} = \frac{r'}{r}$$

任务实施

【例题 1】

在一连续操作的单效真空蒸发器中，将 1000 kg/h 的 NaOH 水溶液由质量分数 10%浓缩到 20%。操作条件下，溶液沸点为 90 ℃。已知原料液的比热容为 3.8 kJ/(kg·K)，加热蒸气压为 0.2 MPa，蒸发器的热损失按热流体放出热量的 5%计算，忽略溶液的稀释热。试求：（1）蒸发水量；（2）原料液分别在 20 ℃、90 ℃ 和 120 ℃ 进入蒸发器时的加热蒸汽消耗量及单位蒸汽消耗量（0.2 MPa、90 ℃ 的饱和蒸汽的汽化潜热分别是 2283.1 kJ/kg 和 2204.6 kJ/kg）。

解：（1）蒸发水量：

$$W = F\left(1 - \frac{x_0}{x_1}\right) = 1000 \times \left(1 - \frac{0.1}{0.2}\right) = 500(\text{kg}/\text{h})$$

（2）加热蒸汽消耗量：

$$D = \frac{Fc_0\left(t_1 - t_0\right) + Wr'}{0.95r}$$

① 20 ℃ 进料，蒸汽消耗量为：

$$D = \frac{1000 \times 3.8 \times \left(90 - 20\right) + 500 \times 2283.1}{0.95 \times 2204.6} = 672(\text{kg}/\text{h})$$

$$\frac{D}{W} = \frac{672}{500} = 1.34$$

② 90 ℃ 进料，蒸汽消耗量为：

$$D = \frac{500 \times 2283.1}{0.95 \times 2204.6} = 545(\text{kg}/\text{h})$$

$$\frac{D}{W} = \frac{545}{500} = 1.09$$

③ 120 ℃ 进料，蒸汽消耗量为

$$D = \frac{1000 \times 3.8 \times (90 - 120) + 500 \times 2283.1}{0.95 \times 2204.6} = 491(kg/h)$$

$$\frac{D}{W} = \frac{545}{491} = 0.98$$

根据计算结果可知，进料温度越高，加热蒸汽消耗量就越小。

 思考与练习

1. 蒸发水量如何计算？
2. 加热蒸汽消耗量如何计算？

任务三　多效蒸发

 任务引入

　　海水淡化是人类追求了几百年的梦想，古代就有从海水中去除盐分的故事和传奇。16 世纪欧洲探险家在漫长的航海旅行中，利用蒸发原理，通过船上的火炉煮沸海水以制造淡水。加热海水产生水蒸汽，水蒸汽冷却凝结就可得到淡水，这是日常生活的经验，也是海水淡化技术的开始。

　　世界上 70%以上人口都居住在离海洋 120 km 以内的区域，因此很多国家都在积极寻求海水淡化技术，比如干旱少雨的中东地区、沿海的各个国家等。经过不断地发展，如今很多国家已经开始大规模地进行海水淡化，部分国家海水淡化成本低于自来水。

 任务分析

　　蒸发是目前海水淡化的主要方式之一，由单效蒸发可知，在单效蒸发器中每蒸发 1 kg 水要消耗 1 kg 多一些的加热蒸汽。在大规模的海水淡化过程中，要蒸发大量的水分，这必然需要大量的加热蒸汽。为了减少加热蒸汽的消耗量，可以将二次蒸汽用作另一蒸发器的加热蒸汽。

相关知识

一、加热蒸汽的经济性

　　蒸发过程是一个能耗较大的单元操作，将 $e = \frac{D}{W}$ 定义为单位蒸汽消耗量，即用蒸发 1 kg 水的蒸汽消耗量表示加热蒸汽的利用程度，也称蒸汽的经济性，是蒸发器的重要经济技术指标。对单效蒸发而言，$e=1$，即蒸发 1 kg 水需要约 1 kg 加热蒸汽，实际操作中由于存在热损失等原因，$e≈1$。可见单效蒸发的能耗很大，是很不经济的。

1. 多效蒸发

每一个蒸发器称为一效，多效蒸发是将第一效蒸发器汽化的二次蒸汽作为热源，通入第二效蒸发器的加热室作加热用（称为双效蒸发），如果再将第二效的二次蒸汽通入第三效加热室作为热源，并依次进行多个串接，则称为多效蒸发。由于二次蒸汽的压力和温度低于生蒸汽的压力和温度，因此，多效蒸发时要求后效的操作压力和沸点均较前效低，采用抽真空的方法可以很方便地降低蒸发器的操作压力和溶液的沸点。在第一效蒸发器中通入生蒸汽，产生的二次蒸汽引入第二效蒸发器中，第二效的二次蒸汽再引入第三效蒸发器中，以此类推，末效蒸发器的二次蒸汽通入冷凝器冷凝，冷凝器后接真空装置，对系统抽真空。于是，从第一效到最末效，蒸发器的操作压力和溶液的沸点依次降低，仅第一效需要消耗生蒸汽，其余效均采用二次蒸汽，这就是多效蒸发的操作原理。图 4-3 为三效蒸发的流程示意图。

采用多效蒸发，由于生产给定的总蒸发水量 W 分配于各个蒸发器中，而只有第一效才使用加热蒸汽，故加热蒸汽的经济性大大提高。

根据生产经验，实测最小 e 值大致如表 4-1 所示。

表 4-1 不同效数蒸发的单位蒸汽消耗量

效数	单效	双效	三效	四效	五效
e_{min}	1.1	0.57	0.4	0.3	0.27

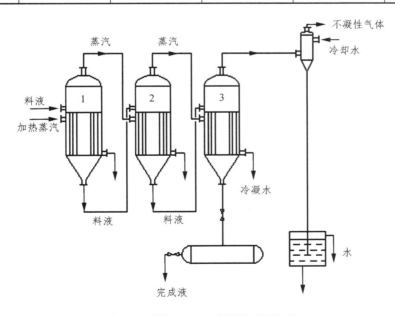

图 4-3 并流加料三效蒸发操作流程

2. 引出额外蒸汽

在单效蒸发中，将产生的二次蒸汽作为其他加热设备的热源，可提高蒸汽的经济性。在多效蒸发中，末效二次蒸汽因位能太低难以利用。但在实际操作中往往从前几效中引出部分二次蒸汽（即额外蒸汽），供其他加热设备使用，以提高蒸汽的利用率。例如，将额外蒸汽用来加热原料液等，可大大提高加热蒸汽的经济性，同时还降低了冷凝器的负荷，减少了冷却水用量。

3. 二次蒸汽再压缩

将二次蒸汽用压缩机绝热压缩，提高它的位能后再送入加热室，循环使用，加热蒸汽（或生蒸汽）只作为启动或补充泄漏、损失等用，因此节省了大量生蒸汽。这种方法也称为热泵蒸发。热泵蒸发的流程如图4-4所示。热泵蒸发的节能效果一般相当于3~5效的多效蒸发。

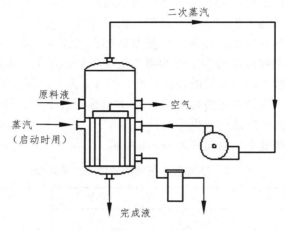

图 4-4   热泵蒸发流程

4. 加热室冷凝液的利用

蒸发器加热室排出大量高温冷凝水，应加以利用，如用于预热原料液，也可返回锅炉房重新使用，这样既节省能源又节省水源。高温冷凝水还可用于其他加热或需工业用水的场合。

二、多效蒸发

根据物料与二次蒸汽的流向不同，多效蒸发可分为三种：并流加料法、逆流加料法，平流加料法。

1. 并流加料法

并流加料法是最常见的蒸发操作流程。图4-3为并流加料三效蒸发的流程，即加热蒸气和原料液均顺次流经各效。这种加料的特点是前一效到后一效可自动加料，后一效中的物料会产生自蒸发，可多蒸出部分水汽，但溶液的黏度会随效数的增加而增大，使传热系数逐效下降，所以并流加料不适宜处理黏度随浓度变化较大的物料。

2. 逆流加料法

图4-5是由三个蒸发器组成的三效逆流加料流程。原料液由末效进入系统，用泵顺次送入前一效，完成液由第一效的底部排出。加热蒸汽的流向仍由第一效顺序加至最后一效，走向与料液相反。因蒸汽与溶液的流动方向相反，故称为逆流加料法。

逆流加料法具有以下特点：① 蒸发的温度随溶液浓度的增大而增高，这样各效的黏度相差很小，传热系数大致相同。② 完成液排出温度较高，可以在减压下进一步闪蒸增浓。其缺点是：各效需用泵输送料液，能耗要比并流大，不仅增加操作费用而且还使设备复杂。③ 由于各效进料温度均低于该效溶液沸点，所以需将料液加热至沸点，与并流相比，产生的二次蒸汽也较少。逆流法适用于料液黏度随温度和浓度变化较大的操作，而不适用于热敏性物料。

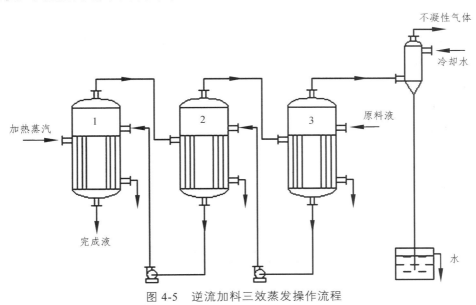

图 4-5　逆流加料三效蒸发操作流程

3. 平流加料法

图 4-6 为平流加料三效蒸发流程。其特点是蒸汽的走向与并流相同，原料液分别加入各效，完成液分别从各效排出，各效溶液流向互相平行。这种流程适用于蒸发易结晶物料，如食盐水溶液等的蒸发，也可用于浓缩两种以上不同的水溶液。

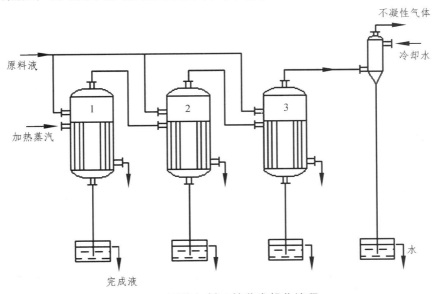

图 4-6　平流加料三效蒸发操作流程

思考与练习

一、填空题

1. 通常将1kg水蒸汽所能蒸发的水量（W/D）称为_____。

2. 蒸发就是通过_____的方法，将稀溶液中的_____溶剂_____而_____，从而使溶液_____的一种单元操作。

3. 蒸发分_____蒸发和_____蒸发两种，工业生产中普遍采用的是_____汽化。

4. 蒸发操作中，用来加热的蒸汽称为_____蒸汽，从蒸发器中蒸发出来的蒸汽称为_____蒸汽。

5. 蒸发操作按压强可分为_____、_____和_____；按二次蒸汽的利用情况可分为_____蒸发和_____蒸发。

二、思考题

1. 什么叫多效蒸发？多效蒸发的常用流程有哪几种？各有何优缺点？

2. 加热蒸汽的经济性应从哪几个方面考虑？

任务四   蒸发器

 任务引入

完成蒸发过程的装置称为蒸发器。目前各个国家都在尝试研发高效蒸发器，改善蒸发器内液体的流动状况，优化设计和操作等。

 任务分析

工业生产中蒸发器有多种结构形式，但均由加热室（器）、流动（或循环）管道以及分离室（器）组成。根据溶液在加热室内的流动情况，蒸发器可分为循环型和单程型两类。

相关知识

一、循环型蒸发器

工业上蒸发设备有多种类型，其本质与传热设备没有区别。但蒸发操作时需将产生的二次蒸汽不断除去，因此蒸发设备除需要加热室外，还要配置分离室（又称蒸发室）。为了有效地分离蒸汽与液沫，还需配置进一步除沫器、排出二次蒸汽的冷凝器等辅助装置。

常用的循环型蒸发器主要有以下几种：

1. 中央循环管式蒸发器

又称标准蒸发器，如图 4-7 所示。加热室由一垂直的加热管束（沸腾管束）构成，在管束中央有一根直径较大的管，称为中央循环管。它的截面积等于其余加热管总面积的 40% ~ 60%，由于它的截面积较大，管内的液体量比单根小管中要多；而单根小管的传热效果比中央循环管好，小管内的液体温度比大管中高，造成两种管内液体存在密度差，再加上二次蒸汽上升时的抽吸作用，溶液从沸腾管上升，从中央循环管下降，构成一个自然对流的循环过程。

中央循环管蒸发器的主要优点是：结构紧凑，制造方便，操作可靠，传热性好，投资费用少。但由于结构本身的限制，清理和检修麻烦；溶液循环速度不高，一般仅在 0.5 m/s 以下；溶液在加热室中不断循环，其浓度很接近完成液的浓度，因而溶液的沸点上升大。适用于浓度低、不易结晶、腐蚀性低的溶液蒸发。中央循环管式蒸发器在工业上的应用较为广泛。

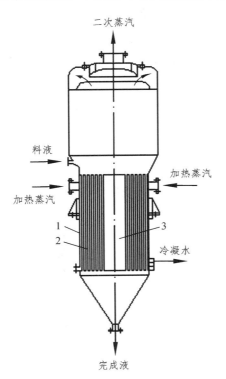

图 4-7　中央循环管式蒸发器

1—加热室；2—蒸发室；3—中央循环管

2. 外加热式蒸发器

外加热式蒸发器如图 4-8 所示。该蒸发器把加热器与分离室分开安装，将加热室安装在分离室外面，方便清洗、更换，同时降低蒸发器的总高度。这种蒸发器的加热管较长（管长与管径之比为 50 ~ 100），循环管不受蒸汽加热，加快了自然循环速度，溶液循环速度可达 1.5 m/s，既利于提高传热系数，也利于减轻结垢。该类型蒸发器便于检修和更换，适用范围广；缺点是热损失大。适于处理易结垢、有晶体析出、处理量大的溶液。

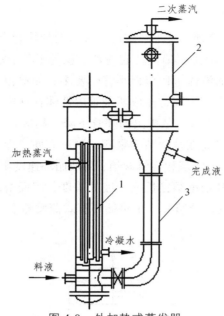

图 4-8　外加热式蒸发器

1—加热管；2—循环泵；3—循环管

3. 强制循环蒸发器

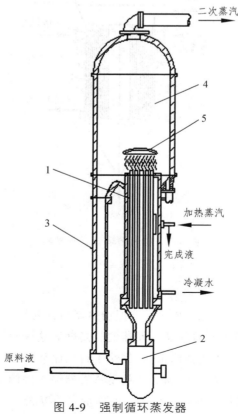

图 4-9　强制循环蒸发器

1—加热管；2—循环泵；3—循环管；4—蒸发室；5—除沫器

上述两种蒸发器属于自然循环蒸发器，蒸发器内溶液均依靠加热管（沸腾管）与循环管内物料的密度差作为动力，推动溶液循环流动，循环速度较慢，传热效果不好，不适于处理高黏度、易结晶、易结垢溶液。可加入循环泵强制循环，即强制循环蒸发器（图 4-9），循环速度一般可达 1.5～3.5 m/s。原料液由循环泵自下而上打入，沿加热室的管内向上流动。优点是传热系数比自然循环蒸发器大，抗盐析、抗结垢，适应性强，易于清洗。其缺点是消耗动能较大，每平方米传热面积消耗的功率为 0.4～0.8 kW，溶液停留时间长，造价及维修费用稍高。

二、膜式蒸发器

循环型蒸发器内溶液的滞留量大，物料在高温下停留时间长，这对处理热敏性物料甚为不利。在膜式蒸发器中，物料沿加热管壁成膜状流动，通过加热室一次加热即达到浓缩要求，受热时间短，蒸发速度快，又称为单程型蒸发器。另外，离开加热室的物料又得到及时冷却，因此特别适用于热敏性物料的蒸发。根据物料在蒸发器内的流动方向和成膜原因不同，它可分为下列几种类型：

1. 升膜式蒸发器

升膜式蒸发器如图 4-10 所示，它的加热室由一根或数根垂直长管组成。通常加热管径为 25～50 mm，管长与管径之比为 100～150。原料液预热至接近沸点，由蒸发器底部进入加热器管内，受热沸腾后迅速汽化，产生的二次蒸汽在管内高速上升，带动料液沿管内壁成膜状向上流动，并不断蒸发，气液在顶部分离器内分，二次蒸汽由顶部排出，浓缩后的完成液由分离器底部排出。

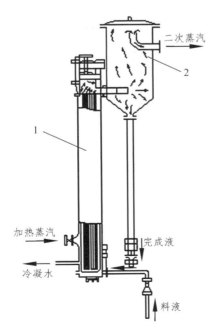

图 4-10 升膜式蒸发器

1—蒸发器；2—分离器

操作时，注意保证二次蒸汽上升时具有足够的速度带动液料上升，常压下一般为 20 ~ 30 m/s，减压下为 80 ~ 200 m/s。二次蒸汽速度也不可过高，过高会导致液膜拉破，出现干壁现象，降低传热效果。升膜蒸发器适用于蒸发量较大，热敏性，黏度不大及易起泡沫的溶液，但不适于高黏度、有晶体析出和易结垢的溶液。

2. 降膜式蒸发器

降膜式蒸发器（图 4-11）与升膜式蒸发器结构类似，不同点在于原料液由加热室顶端加入，液体通过分布器均匀进入加热管，在重力和二次蒸发作用下沿管壁成膜状向下流动，并进行蒸发，浓缩液与二次蒸汽由加热管底部排出，进入分离室，完成液由分离室底部排出，二次蒸汽由顶部逸出。物料在该蒸发器内停留时间更短，可用于热敏性物料的蒸发，还可用于黏度较大的物料（50 ~ 450 kPa·s）的蒸发；但不易处理易结晶、结垢物料，这是因为这种溶液形成均匀液膜较困难，传热系数也不高。

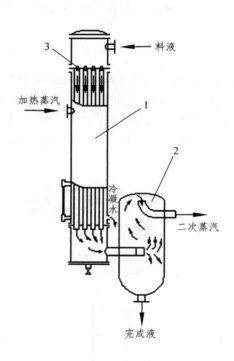

图 4-11　降膜式蒸发器

1—蒸发室；2—分离室；3—布膜器

3. 其他膜式蒸发器

除了上述两种常见膜式蒸发器之外，常见的膜式蒸发器还有升-降膜式蒸发器和刮板式薄膜蒸发器。将升膜蒸发器和降膜蒸发器安装在同一外壳中即为升-降膜式蒸发器，料液先经升膜式蒸发器上升，然后在降膜式蒸发器中下降，并在分离器中和二次蒸汽分离，得到完成液。该蒸发器一般用于黏度很大的料液的蒸发，也可用于厂房高度有限制的场合。刮板式薄膜蒸发器（图 4-12）是借助外加动力成膜，它是一种适应性很强的新型蒸发器，主要用于高黏度、热敏性和易结晶、结垢的物料的蒸发。

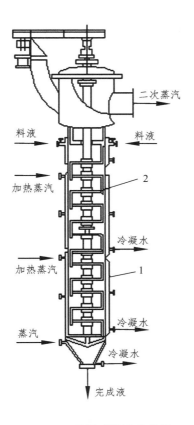

二次蒸汽

料液 料液

加热蒸汽

2

冷凝水

加热蒸汽

1

蒸汽

冷凝水

冷凝水

完成液

图 4-12 刮板式薄膜蒸发器

思考与练习

一、思考题

1. 什么叫蒸发? 蒸发操作具有哪些特点?

2. 在蒸发装置中, 有哪些辅助设备? 各起什么作用?

3. 单效蒸发计算的主要内容有哪些? 试分别写出其计算式。

二、计算题

1. 今欲用一单效蒸发器将浓度为 11.6% 的 NaOH 溶液浓缩至 18.3%（皆为质量分数，下同），已知每小时的处理量为 10 t，求所需要蒸发的水分量。

2. 设上题中溶液的沸点为 337.2 K，加热蒸汽的压强为 0.2 MPa，原料液的比热为 3.7 kJ/(kg·K)。设备的热损失按热负荷的 5% 计算，试分别计算原料液温度为 293 K、337.2 K 和 367.2 K 时加热蒸汽消耗量和单位蒸汽消耗量。

3. 今欲用一单效蒸发器将浓度为 68% 的硝酸铵水溶液浓缩至 90%，每小时的处理量为

10 t。已知加热蒸汽的压强为 689.5 kPa，蒸发室内的压强为 20.68 kPa。假设溶液的沸点为 334 K，沸点进料，蒸发器的传热系数为 1200 W/(m² · K)。热损失以 5%考虑。试求蒸发器所需要的传热面积。

4. 浓度为 18.32%的 NaOH 水溶液在 50 kPa 下沸腾，试求溶液沸点升高的数值。

模块五　吸收-解吸

教学目标

（1）掌握吸收-解吸的实际生产流程。
（2）理解吸收-解吸的基本原理。
（3）了解吸收-解吸的常用设备。
（4）了解填料塔的结构以及对吸收效果的影响因素。

技能目标

（1）掌握正确的吸收-解吸实训装置开、停车步骤，了解每一步的操作原理以及操作要求。
（2）掌握吸收-解吸操作过程中的数据记录以及常见的事故处理。

化工生产中，通常需要将产品从混合物中分离出来，或者将混合物中含有的杂质去除，这个过程中，吸收与解吸是常用的分离技术。因此化工生产操作人员需要掌握吸收与解吸过程中涉及的理论知识。

任务一　去除原料气中的二氧化碳

 任务引入

在合成氨生产过程中，合成氨原料气经过脱硫、变换之后，仍含有大量的二氧化碳，其存在对合成催化剂有很大的毒害作用，因而必须除去。本次任务就是要去除合成氨原料气中含有的二氧化碳。

 任务分析

合成氨原料气是一种复杂的混合气体，经过脱硫、变换之后，主要含有氢气、氮气、二氧化碳等，去除二氧化碳，实质上就是将二氧化碳从这些混合气体中分离出来。

利用吸收操作进行分离是一种很常见的分离方法，即利用合适的液体吸收剂来处理气体混合物，使气体混合物中的一种或者多种组分由气相转移到液相。

相关知识

一、吸收的基本概念

吸收是利用气体混合物各组分在液体中溶解度的差异，用液体吸收剂分离气体混合物的单元操作，也称为气体吸收。

吸收所用的液体称为吸收剂或者溶剂，混合物中被吸收的组分称为吸收质或者溶质，不能被吸收的组分称为惰性气体，吸收后得到的液体称为吸收液或者溶液。本任务中用吸收剂（比如水）来吸收混合气体中的二氧化碳，二氧化碳在水中的溶解度比氮气、氢气大得多。气液相接触后，大部分的二氧化碳将从气相转入液相，而氮气、氢气在气相中的组成基本保持不变。在这个吸收过程中，水为吸收剂，二氧化碳为吸收质，氮气、氢气为惰性组分，吸收后含有二氧化碳的液体为吸收液。

二、吸收的基本原理

1. 相组成的表示方法

随着吸收过程的进行，组分在气相和液相中浓度均会发生变化，为了研究吸收过程的基本原理，首先应该掌握物质在气相或者液相中浓度的表示方法。用 x 表示液相组成，y 表示气相组成。相组成的表示方法常用的有以下几种形式（以液相为例）：

（1）质量分数（也称质量分率）

混合物中某组分 i 的质量 m_i 与混合物的总质量 m 的比值，称为该组分的质量分数，用符号 w_i 表示。

$$w_i = \frac{m_i}{m} \tag{5-1}$$

（2）摩尔分数（也称摩尔分率）

混合物中某组分 i 的物质的量 n_i 与混合物的总的物质的量 n 的比值，称为该组分的摩尔分数，用符号 χ_i 表示。

$$\chi_i = \frac{n_i}{n} \tag{5-2}$$

（3）摩尔比

混合物中某组分 i 的物质的量 n_i 与除了组分 i 以外的其他组分的物质的量（$n-n_i$）的比值，称为该组分的摩尔比，用符号 X_i 表示。

$$X_i = \frac{n_i}{n - n_i} \tag{5-3}$$

摩尔比与摩尔分数的换算关系为

$$X_i = \frac{\chi_i}{1-\chi_i} \tag{5-4}$$

2. 气-液相平衡

（1）平衡溶解度

在一定的温度和压力下，气体和液体两相接触时，气体中的溶质组分溶解在液相中，随着吸收过程的进行，溶质气体在液相中的浓度逐渐增加。同时，溶解在液相中的气体也不断返回到气相中去，这个过程称为解吸。在操作初期，过程以吸收为主。但经过一定的时间，吸收和解吸的速率相等，气液两相的浓度也不再变化，气相和液相达到动态平衡，液相中溶质的浓度达到最大值。此时，溶质在液相中的含量称为气体在液相中的平衡溶解度，简称溶解度。气液平衡时，溶液上方溶质的分压称为平衡分压。

（2）亨利定律

当气、液两相处于平衡状态时，溶质气体在两相中的浓度存在一定的分布关系，可以用亨利定律来证明。

在一定的温度和总压不超过 506.5 kPa 的情况下，多数气体溶解后形成的溶液称为稀溶液，气液平衡时，溶质在液相中的溶解度与其在气相中的平衡分压成正比，这一规律称为亨利定律。数学表达式为

$$p^* = Ex \tag{5-5}$$

式中 p^*——平衡时溶质在气相中的平衡分压，Pa；

x——溶质在液相中的摩尔分数；

E——亨利系数，Pa。

对于给定物系，亨利系数 E 随着温度升高而增大。在同一溶剂中，易溶气体的 E 值很小，难溶气体的 E 值很大。常见的亨利系数可以从手册中查到。

若将气体组成以摩尔分数表示，亨利定律的表达形式为

$$y^* = mx \tag{5-6}$$

式中 y^*——平衡时溶质在气体中的摩尔分数；

m——相平衡常数，无因次。

若气液两相用比摩尔分数表示，则亨利定律的表达形式为

$$Y^* = \frac{mX}{1+(1-m)X} \tag{5-7}$$

式中 Y^*——平衡时溶质在气体中的比摩尔分数。

对于极稀溶液，可以简化为

$$Y^* = mX \tag{5-8}$$

（3）平衡曲线

将式（5-7）的关系绘于 Y-X 直角坐标系中，得到的图线为一条经过原点的曲线，如图 5-1（a）所示，此线即为吸收平衡曲线。吸收平衡曲线反映了吸收过程达到平衡时气体组成和液体组成的关系。显然，式（5-8）所表示的吸收平衡曲线，为一条过原点的直线，斜率为 m，如图 5-1（b）所示。

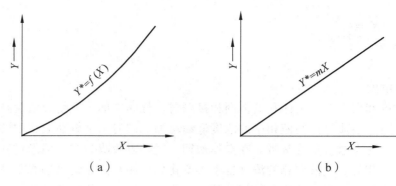

图 5-1 吸收平衡曲线

（4）气液平衡对吸收操作的指导意义

① 判别过程的方向

如溶质分压为 p_A 的气相与溶液浓度为 c_A（或 x）的液相接触，溶质组分 A 是由气相向液相转移，还是由液相向气相转移？可利用相平衡关系由 c_A 或 x 计算出与其相平衡的 p_A^* 值，若

$p_A > p_A^*$，溶质 A 由气相向液相传递，即发生吸收；

$p_A < p_A^*$，溶质 A 由液相向气相传递，即发生解吸；

$p_A = p_A^*$，系统处于相平衡状态，没有净物质的物质传递；

也可以由气相分压 p_A 计算出与其相平衡的 c_A^* 或者 x^* 的值，并作出判断，若

$c_A < c_A^*$，$x < x^*$，发生吸收；

$c_A > c_A^*$，$x > x^*$，发生解吸；

$c_A = c_A^*$，$x = x^*$，不发生净物质的传递。

② 指明过程的极限

当某一相的浓度 = 另一相的平衡浓度时，两相达到平衡，即为传质过程达到了极限。

在实际操作中，相平衡限制了溶剂离塔时的最高浓度和气体离塔时的最低浓度。

③ 计算过程的推动力

只有不平衡的两相接触后才会发生传质，过程的推动力可用实际浓度与平衡浓度的偏离程度来表示（但不是两相的浓度直接相加减，而是要先换算成同一种浓度然后计算），如吸收的推动力可用 $(y_A - y_A^*)$、$(x_A^* - x_A)$、$(c_A^* - c_A)$、$(p_A - p_A^*)$ 来表示，而解吸的推动力则用其相反数来表示。

值得注意的是：浓度在相内或相间是连续变化的，不同的起始点，浓度差值也不同，所以推动力的大小要与传质的距离或范围（起始点）一一对应，是某相内的推动力，还是相内某一段的推动力，还是相间的总推动力，要标明范围。

3. 吸收过程的简化描述——双膜理论（膜模型或停滞膜理论）

双膜理论（two-film theory），是一经典的传质机理理论，于 1923 年由惠特曼（W. G. Whitman）和刘易斯（L. K. Lewis）提出。作为界面传质动力学的理论，该理论较好地解释了液体吸收剂对气体吸收质吸收的过程。气体吸收是气相中的吸收质经过相际传递到液相的过程。当气体与液体相互接触时，即使在流体的主体中已呈湍流，气液相际两侧仍分别存在稳

定的气体滞流层（气膜）和液体滞流层（液膜），而吸收过程是吸收质分子从气相主体运动到气膜面，再以分子扩散的方式通过气膜到达气液两相界面，在界面上溶入液相，再从液相界面以分子扩散方式通过液膜进入液相主体。

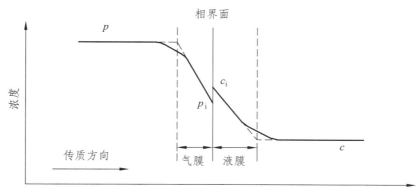

图 5-2　双膜理论示意图

（1）相互接触的气、液两相流体间存在稳定的相界面，界面两侧各有一个很薄的停滞膜，相界面两侧的传质阻力全部集中于这两个停滞膜内，吸收质以分子扩散方式通过这两个膜层由气相主体进入液相主体。

（2）在相界面处，气、液两相瞬间即可达到平衡，界面上没有传质阻力，溶质在界面上两相的组成存在平衡关系，即所需的传质推动力为零或气、液两相达到平衡。

（3）在两个停滞膜以外的气、液两相主体中，由于流体充分湍动，不存在浓度梯度，物质组成均匀。溶质在每一相中的传质阻力都集中在虚拟的停滞膜内。

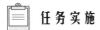 **任务实施**

【例题 1】

在常压及 20 ℃ 下，测得氨在水中的平衡数据为：0.5 g NH$_3$/100 g H$_2$O 浓度的稀氨水上方的平衡分压为 400 Pa，在该浓度下相平衡关系可用亨利定律表示，试求亨利系数 E，溶解度系数 H，及相平衡常数 m（氨水密度可取为 1000 kg/m^3）。

解：由亨利定律表达式知

$$E = \frac{p^*}{x}$$

$$x = \frac{0.5/17}{0.5/17 + 100/18} = 0.00527$$

所以，亨利系数为

$$E = \frac{p}{x} = 7.59 \times 10^4 \text{（Pa）}$$

又 $y^* = mx$ 而 $y^* = \dfrac{p}{P} = \dfrac{400}{1.01 \times 10^5} = 0.00395$

所以，相平衡常数为

$$m = \frac{0.00395}{0.00527} = 0.75$$

$$p^* = \frac{c}{H}$$

$$c = \frac{0.5/17}{\dfrac{0.5+100}{1000}} = 0.293\,(\mathrm{kmol}/\mathrm{m}^3)$$

所以，溶解度系数为

$$H = \frac{0.293}{400} = 7.33 \times 10^{-4}\,[\mathrm{kmol}/(\mathrm{m}^3 \cdot \mathrm{Pa})]$$

或由各系数间的关系求出其他系数

$$H = \frac{\rho_s}{EM_s} = \frac{1000}{7.59 \times 10^4 \times 18} = 7.32 \times 10^{-4}\,(\mathrm{kmol}/\mathrm{m}^3 \cdot \mathrm{Pa})$$

$$m = \frac{E}{P} = \frac{7.59 \times 10^4}{101.33 \times 10^3} = 0.749$$

 思考与练习

1. 什么是吸收？吸收在化工生产中的应用有哪些？
2. 什么是溶解度？气体在液体中的溶解度与哪些因素有关？
3. 写出亨利定律表达式。
4. 简述双膜理论的要点。

任务二　吸收装置——填料塔

 任务引入

用吸收剂处理脱硫、变换后的合成氨原料气，使其中的二氧化碳溶于液体吸收剂从而将其除去，化工生产中如何实现这个过程？如何实现连续化、规模化生产？

 任务分析

由吸收的基本原理分析得知，要使吸收操作顺利进行，必须使气液两相充分接触，形成稳定的气膜和液膜，因此吸收必须在满足上述条件的吸收设备中进行。要进行规模化生产必须具备以下条件：

（1）合适的气液传质设备；

（2）合适的吸收剂；

（3）吸收剂能够再生循环使用。

相关知识

一、吸收操作的主要设备——填料塔

填料塔是以塔内的填料作为气液两相间接触构件的传质设备。

1. 填料塔的结构

填料塔由塔体、填料、液体分布装置、填料压紧装置、填料支承装置、液体再分布装置等构成（图 5-3）。

填料塔底部装有填料支承板，填料以乱堆或整砌的方式放置在支承板上。填料的上方安装填料压板，以防被上升气流吹动。液体从塔顶经液体分布器喷淋到填料上，并沿填料表面流下。气体从塔底送入，经气体分布装置（小直径塔一般不设气体分布装置）分布后，与液体呈逆流连续通过填料层的空隙，在填料表面，气液两相密切接触进行传质。填料塔属于连续接触式气液传质设备，两相组成沿塔高连续变化，在正常操作状态下，气相为连续相，液相为分散相。

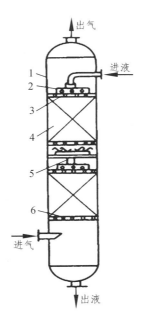

5-3　填料塔结构示意图

1—塔体；2—液体分布器；3—填料压紧装置；4—填料层；
5—液体再分布器；6—支承装置

当液体沿填料层向下流动时，有逐渐向塔壁集中的趋势，使得塔壁附近的液流量逐渐增大，这种现象称为壁流。壁流效应造成气液两相在填料层中分布不均，从而使传质效率下降。

因此，当填料层较高时，需要进行分段，中间设置再分布装置。液体再分布装置包括液体收集器和液体再分布器两部分，上层填料流下的液体经液体收集器收集后，送到液体再分布器，经重新分布后喷淋到下层填料上。

填料塔具有生产能力大，分离效率高，压降小，持液量小，操作弹性大等优点。

填料塔也有一些不足之处，如填料造价高；当液体负荷较小时不能有效地润湿填料表面，使传质效率降低；不能直接用于有悬浮物或容易聚合的物料；不太适合侧线进料和出料等复杂精馏等。

2. 填料塔的特点

与板式塔相比，填料塔具有以下特点：

（1）结构简单，便于安装，小直径的填料塔造价低。

（2）压力降较小，适合减压操作，且能耗低。

（3）分离效率高，用于难分离的混合物，塔高较低。

（4）适用于易起泡物系的分离，因为填料对泡沫有限制和破碎作用。

（5）适用于腐蚀性介质，因为可采用不同材质的耐腐蚀填料。

（6）适用于热敏性物料，因为填料塔持液量低，物料在塔内停留时间短。

（7）操作弹性较小，对液体负荷的变化特别敏感。当液体负荷较小时，填料表面不能很好地润湿，传质效果急剧下降；当液体负荷过大时，则易产生液泛。

（8）不宜处理易聚合或含有固体颗粒的物料。

3. 填料的类型及性能评价

填料是填料塔的核心部分，它提供了气液两相接触传质的界面，是决定填料塔性能的主要因素。对操作影响较大的填料特性有：

（1）比表面积

单位体积填料层所具有的表面积称为填料的比表面积，以 δ 表示，单位为 m^2/m^3。显然，填料应具有较大的比表面积，以增大塔内传质面积。同一种类的填料，尺寸越小，则其比表面积越大。

（2）空隙率

单位体积填料层所具有的空隙体积，称为填料的空隙率，以 ε 表示，单位为 m^3/m^3。填料的空隙率越大，气液通过能力越大且气体流动阻力越小。

（3）填料因子

将 δ 与 ε 组合成 δ/ε^3 的形式称为干填料因子，单位为 m^{-1}。填料因子表示填料的流体力学性能。当填料被喷淋的液体润湿后，表面覆盖了一层液膜，δ 与 ε 均发生相应的变化，此时 δ/ε^3 称为湿填料因子，以 ϕ 表示。ϕ 值小则填料层阻力小，发生液泛时的气速提高，即流体力学性能好。

（4）单位堆积体积的填料数目

对于同一种填料，单位堆积体积内所含填料的个数是由填料尺寸决定的。填料尺寸减小，填料数目可以增加，填料层的比表面积也增大，而空隙率减小，气体阻力相应增加，填料造价提高。反之，若填料尺寸过大，在靠近塔壁处，填料层空隙很大，将有大量气体由此短路流过。为控制气流分布不均匀现象，填料尺寸不应大于塔径 D 的 $\frac{1}{10} \sim \frac{1}{8}$。

此外，从经济、实用及可靠的角度考虑，填料还应具有质量轻、造价低、坚固耐用、不易堵塞、耐腐蚀、有一定的机械强度等特性。各种填料往往不能完全满足上述各种条件，实际应用时，应根据具体情况加以选择。

填料的种类很多，大致可分为散装填料和整砌填料两大类。散装填料是一粒粒具有一定几何形状和尺寸的颗粒体，一般以散装方式堆积在塔内。根据结构特点的不同，散装填料可分为环形填料、鞍形填料、环鞍形填料及球形填料等。整砌填料是一种在塔内整齐的有规则排列的填料，根据其几何结构可以分为格栅填料、波纹填料、脉冲填料等。

二、吸收剂的选择

1. 溶解度

吸收剂应对混合气体中被分离的溶质组分有较大的溶解度，从平衡角度而言，处理一定量的混合气体所需要的吸收剂的量较少，处理后的气体中溶质残余浓度也较低，即溶质在吸收剂中的溶解度越大，吸收速率越大，吸收剂用量越少。

（1）选择性

吸收剂要对溶质组分有良好的吸收能力，对其他组分的溶解度较小，即基本上不吸收或者吸收甚微，即吸收剂应该具有较高的选择性，否则不能实现混合气体的有效分离。

（2）容易再生

溶质在吸收剂中的溶解度应对温度的变化比较敏感，即不仅在低温下溶解度要大，平衡分压要小，而且随着温度的升高，溶解度应该迅速减小，平衡分压迅速上升。这样，被吸收的气体容易解吸，溶剂再生方便。

2. 挥发度

吸收剂的挥发度越小，损失量越小，分离后的气体中吸收剂的含量也越少。

3. 黏度

吸收剂应该具有较低的黏度，在吸收过程中不易产生泡沫，以实现吸收塔内良好的气液接触和塔顶的气液分离。同时，吸收剂黏度越小，流动性越好，吸收速率越大，泵的功耗越小，传质阻力越小。

4. 其他

吸收剂应该满足无毒、无腐蚀性、不易燃、不发泡、冰点低、价廉易得、具有化学稳定性等经济和安全方面的条件。实际上很难找到一种理想的吸收剂能同时满足所有的条件，因此，应对可以选用的吸收剂进行全面评价，以便做出经济、合理的选择。

三、吸收剂的再生循环使用

1. 解吸的基本概念

解吸是吸收的逆过程，又称气提或汽提，是将吸收的气体与吸收剂分开的操作。解吸的作用是回收溶质，同时再生吸收剂（恢复吸收溶质的能力）。工业上，解吸是构成吸收操作的重要环节。解吸分为物理解吸（无化学反应）和化学解吸（伴有化学反应）。

在工业上解吸往往与吸收操作相结合，以获得纯净的气体或用以回收吸收剂而供循环使用。解吸也可单独使用，例如，水和其他液体的脱气，就是用加热、沸腾或抽真空等方法将溶解的气体除去。在炼油工业中，用通入水蒸气的方法脱除油品中不需要的轻组分等。

2. 解吸的方法

（1）气提解吸

气提解吸采用的载气是不含溶质的惰性气体或者溶剂蒸气，提供与吸收液相成平衡的气相，将溶质从吸收液中吹出。常以空气、氮气、二氧化碳、水蒸气、吸收剂蒸气作为载气。

（2）减压解吸

若吸收采用加压吸收，则解吸可以采用减压释放，使溶质气体从吸收剂中解吸出来。溶质气体被解吸的程度取决于最终解吸的压力和温度。

（3）加热解吸

当溶质气体在吸收剂中的溶解度随着温度的升高而减小较多时，可以采用加热吸收。

（4）加热-减压解吸

将吸收剂加热升温解吸之后，再进行减压解吸，加热解吸和减压解吸的结合，能显著提高溶质气体被解吸的程度。

 思 考 与 练 习

1. 填料塔的主要结构是什么？
2. 填料塔的工作原理是什么？
3. 理想的吸收剂应满足的条件有哪些？
4. 吸收剂再生的原理是什么？主要有哪些再生的方法？

任务三　吸收的操作分析

 任 务 引 入

在化工生产中，吸收剂吸收二氧化碳的速率越快，单位时间内处理原料气的量越大，设备的生产能力就越大。怎样才能加快吸收剂的吸收速率呢？

 任 务 分 析

要加快吸收剂的吸收速率，必须从吸收速率的影响因素入手，减小操作阻力，增大吸收推动力，从而加快吸收速率。

📓 **相关知识**

一、吸收速率方程式

1. 吸收速率

吸收速率是指单位时间内，单位传质面积上吸收的溶质量。吸收过程中的速率关系式可以表示为

$$过程速率=系数×推动力$$
$$过程速率=推动力/阻力$$

吸收总速率的推动力为气、液两相主体浓度之差。吸收过程的总阻力等于各分过程阻力的叠加，与传热过程相似。

2. 吸收速率的影响因素

（1）吸收系数

吸收阻力包括气膜阻力和液膜阻力。膜内阻力和膜的厚度成正比，因此加大气液两流体的相对流动，使流体内产生强烈的搅动，可以减小膜的厚度，降低吸收阻力，增大吸收系数。

（2）吸收推动力

增大吸收推动力，可以通过两种途径来实现：一是提高吸收质在气相中的分压，二是降低与液相平衡的气相中吸收质的分压。而提高吸收质在气相中的分压与吸收的目的相矛盾，因此，只能采用降低与液相平衡的气相中吸收质的分压来实现。降低与液相平衡的气相中吸收质的分压的方法有：选择溶解度较大的吸收剂，降低吸收温度，提高系统压力等。

（3）气液接触面积

增大气液接触面积的方法有：增大气体或者液体的分散度，选用比表面积大的高效填料等。

二、吸收塔的物料衡算与操作线方程

1. 物料衡算

目的：确定各物流之间的量的关系以及设备中任意位置两物料组成之间的关系。对单位时间内进出吸收塔的 A 的物质的量进行衡算（图 5-4）：

$$VY_1 + LX_2 = VY_2 + LX_1$$
$$V(Y_1 - Y_2) = L(X_1 - X_2)$$

式中　L——单位时间内通过吸收塔的吸收剂量，kmol/h；

　　　V——单位时间内通过吸收塔的惰性气体量，kmol/h；

　　　Y_1——进塔气体中溶质 A 的摩尔比，kmol A/kmol B；

　　　Y_2——出塔气体中溶质 A 的摩尔比，kmol A/kmol B；

　　　X_1——进塔溶液中溶质 A 的摩尔比，kmol A/kmol B；

　　　X_2——出塔溶液中溶质 A 的摩尔比，kmol A/kmol B。

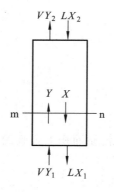

图 5-4　物料衡算示意图

$$Y_1 - \frac{L}{V}X_1 = Y_2 - \frac{L}{V}X_2$$

吸收率 ϕ_A 混合气中溶质 A 被吸收的百分率

$$Y_2 = Y_1(1 - \phi_A)$$

2. 吸收塔的操作线方程式与操作线

在 m—n 截面与塔底截面之间进行组分 A 的衡算：

$$VY + LX_1 = VY_1 + LX$$

逆流吸收塔操作线方程为

$$Y = \frac{L}{V}X + (Y_1 - \frac{L}{V}X_1)$$

在 m—n 截面与塔顶截面之间进行组分 A 的衡算

$$VY + LX_2 = VY_2 + LX$$

逆流吸收塔操作线方程为

$$Y = \frac{L}{V}X + (Y_2 - \frac{L}{V}X_2)$$

上式表明：塔内任一截面的气相浓度 Y 与液相浓度 X 之间成直线关系，直线的斜率为 L/V（图 5-5）。

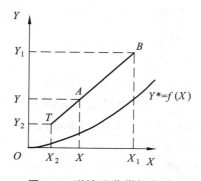

图 5-5　逆流吸收塔操作线

三、吸收剂用量的确定

在吸收塔的计算中，需要处理的气体流量及气相的初浓度、终浓度均由生产任务规定。吸收剂的入塔浓度则常由工艺条件决定或由设计者选定。但吸收剂的用量尚有待选择。

1. 吸收剂用量对吸收操作的影响

如图 5-6 示，在混合气体量 V、进口组成 Y_1、出口组成 Y_2 及液体进口浓度 X_2 一定的情况下，操作线 T 端一定，若吸收剂量 L 减少，操作线斜率变小，点 B 便沿水平线 $Y=Y_1$ 向右移动，其结果是使出塔吸收液中吸收质的浓度增大；但此时吸收推动力变小，完成同样吸收任务所需的塔高增大，设备费用增大。当吸收剂用量减少到 B 点与平衡线 OE 相交时，即塔底流出液组成与刚进塔的混合气组成达到平衡。这是理论上吸收液所能达到的最高浓度；但此时吸收过程推动力为零，因而需要无限大相际接触面积，即需要无限高的塔。这在实际生产上是无法实现的。只能用来表示吸收达到一个极限的情况，此种状况下吸收操作线 BJ 的斜率称为最小液气比，以 $(L/V)_{min}$ 表示；相应的吸收剂用量即为最小吸收剂用量，以 L_{min} 表示。

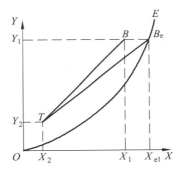

图 5-6　操作线的变化

反之，若增大吸收剂用量，则点 B 将沿水平线向左移动，使操作线远离平衡线，吸收过程推动力增大，有利于吸收操作。但超过一定限度后，吸收剂消耗量、输送及回收等操作费用急剧增加。

由以上分析可见，吸收剂用量的大小，从设备费用和操作费用两方面影响吸收过程的经济性，应综合考虑，选择适宜的液气比，使两种费用之和最小。根据生产实践经验，一般情况下取吸收剂用量为最小用量的 1.1～2.0 倍是比较适宜的，即

$$\frac{L}{V} = (1.1 \sim 2)(\frac{L}{V})_{min}$$

或　　　　　　　　$$L = (1.1 \sim 2)L_{min}$$

2. 最小液气比 $(L/V)_{min}$

求取适宜的液气比，关键是求最小液气比。最小液气比可用图解法求得。平衡曲线符合如图 5-8 所示的情况，则需找到水平线 $Y=Y_1$ 与平衡线的交点 B^*，从而读出 X_1^* 的数值，然后用下式计算最小液气比，即

$$\left(\frac{L}{V}\right)_{\min} = \frac{Y_1 - Y_2}{X_1^* - X_2}$$

平衡曲线如图 5-7 所示，最小液气比求取则应通过 T 作相平衡曲线的切线，交 $Y=Y_1$ 直线于 B'，读出 B' 的横坐标 X_1' 的值，用下式计算最小液气比：

$$\left(\frac{L}{V}\right)_{\min} = \frac{Y_1 - Y_2}{X_1' - X_2}$$

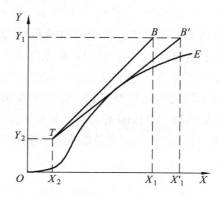

图 5-7　特殊的相平衡曲线

若平衡关系符合亨利定律，平衡曲线 OE 是直线，可用 $Y=mX$ 表示，则直接用下式计算最小液气比

$$\left(\frac{L}{V}\right)_{\min} = \frac{Y_1 - Y_2}{\dfrac{Y_1}{m} - X_2}$$

若平衡关系符合亨利定律且用新鲜吸收剂吸收，$X_2=0$，则

$$\left(\frac{L}{V}\right)_{\min} = \frac{Y_1 - Y_2}{\dfrac{Y_1}{m}} = m\eta$$

必须指出：为了保证填料表面能被液体充分润湿，还应考虑单位塔截面积上单位时间流下的液体量不得小于某一最低允许值（图 5-8）。吸收剂最低用量要确保传质所需的填料层表面全部润湿。

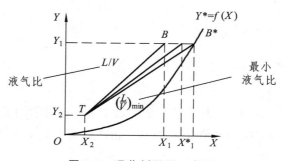

图 5-8　吸收剂用量示意图

任 务 实 施

[例题 1]

空气与氨的混合气体，总压为 101.33 kPa，其中氨的分压为 1333 Pa，用 20 ℃ 的水吸收混合气中的氨，要求氨的回收率为 99%，每小时的处理量为 1000 kg 空气。物系的平衡关系列于表 5-1 中，若吸收剂用量取最小用量的 2 倍，试求每小时送入塔内的水量。

溶液浓度/（g NH₃/100 g H₂O）	2	2.5	3
分压/Pa	1600	2000	2427

解：

（1）平衡关系

$$Y^* = \frac{y^*}{1-y^*} = \frac{p^*}{1-p^*} = \frac{1.6\times10^3}{101.33\times10^3 - 1.6\times10^3} = 0.01604$$

$$X = \frac{2/17}{100/18} = 0.0212$$

$$m = \frac{Y^*}{X} = \frac{0.01604}{0.0212} = 0.757$$

平衡关系为：$Y = 0.757X$

（2）最小吸收剂用量：

$$L_{\min} = V\frac{Y_1 - Y_2}{\dfrac{Y_1}{m} - X_2}$$

其中：

$$V = \frac{1000}{29} = 34.5\,(\text{kmol空气}/\text{h})$$

$$Y_1 = \frac{1.333}{101.33 - 1.333} = 0.0133$$

$$Y_2 = (1-0.99)Y_1 = 0.01\times0.0133 = 0.000133$$

$$X_2 = 0，m = 0.757$$

$$L_{\min} = \frac{V(Y_1 - Y_2)}{\dfrac{Y_1}{m} - X_2} = \frac{34.5(0.0133 - 0.000133)}{\dfrac{0.0133}{0.757} - 0} = 25.8\,(\text{kmol}/\text{h})$$

（3）每小时用水量

$$L = 2L_{\min} = 2\times25.8 = 51.6\,(\text{kmol}/\text{h}) = 928.8\,(\text{kg}/\text{h})$$

思考与练习

1. 吸收剂吸收合成氨原料气中的二氧化碳，影响吸收速度的因素有哪些？

2. 实际生产中的液气比应该如何选择？

任务四　吸收-解吸装置的操作训练

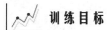

训练目标

该套装置模拟工厂吸收生产单元系统，训练学生实际化工生产的操作能力，达到除去混合物系中二氧化碳的目的。

记忆：（1）吸收与解吸操作工艺流程；

（2）该装置中各个设备的名称及作用；

（3）主要阀门的名称和位置。

理解：（1）吸收解吸实训原理；

（2）吸收-解吸操作工作原理及主要设备的构造。

运用：根据所掌握的专业理论知识，完成吸收-解吸操作各个项目的操作运行。

（1）开车操作；

（2）停车操作；

（3）锻炼学生判断和排除故障的能力。

训练准备

了解填料塔工作原理。

实训操作步骤

一、实训装置安全注意事项

1. 高压钢瓶的安全知识

（1）避免钢瓶受日光直晒或者靠近热源，使瓶内气体受热膨胀，容易引起钢瓶爆炸。

（2）搬运钢瓶时，严防钢瓶摔倒或者受到撞击，以免发生意外爆炸事故。

（3）不能把易燃物黏附在钢瓶上（特别是出口和气压表处），也不能用棉、麻等物堵漏，以免引起燃烧事故。

（4）使用钢瓶时，各种气压表不能混用。一般可燃性气体的钢瓶气门连接螺纹是反扣的，不燃性或者助燃性气体的钢瓶气门连接螺纹是正扣的。

（5）使用钢瓶时必须连接减压阀或者高压调节阀。

（6）开启钢瓶阀门或者调压时，人不能站在气体出口的前方，头不能在钢瓶之上，应站在瓶的侧面，以防钢瓶的总阀门或者气压表被冲出而伤人。

（7）当瓶内压力为 0.5 MPa 时，应该停止使用。压力过低会给充气带来不安全因素。

2. 用电安全知识

（1）所有电气设备在使用前必须进行安全检查。为防止发生意外，必须严格执行电气安全规程，定期维修，并注意导线绝缘是否符合电压和工作情况的需要。实验室应采取防范措施，注意不使水流到导线上。

（2）为防止线路超负荷而引起火灾，应保证导线的容量符合用电设备要求。如发生超载，应拆断线路上过多的用电设备，或者根据需要加装导线。

（3）导线与导线、导线与电气设备的连接要牢固可靠，以防产生过热而引起意外。

（4）有人触电时，应立即切断电源，或者用绝缘体将导线与人体分离开后，才能实施抢救。

二、填料塔操作规程

1. 开车前准备

（1）检查公用工程（水、电）是否处于正常的供应状态。

（2）检查流程中各个设备、仪表是否处于正常开车状态后，启动设备试车。

（3）检查吸收液储槽，是否有足够的空间储存实训过程中的吸收液。

（4）检查解吸液储槽，是否有足够的解吸液供实训使用。

（5）检查二氧化碳钢瓶储量，是否有足够的二氧化碳供实训使用。

（6）检查流程中各阀门是否处于正常开车状态。

（7）按照要求制订操作方案，发现异常情况，必须及时报告指导教师进行处理。

2. 正常开车

（1）确认阀门 VA110 处于关闭状态，启动解吸液泵 P201，逐渐打开阀门 VA110，吸收剂（解吸液）通过涡轮流量计 FIC04 从顶部进入吸收塔。

（2）将吸收剂流量设定为规定值（200～400 L/h），观测涡轮流量计 FIC04 显示和解吸液泵出口压力 PI03 显示。

（3）当吸收塔底的液位 LI01 达到规定值时，启动空气压缩机，将空气流量设定为规定值（1.4～1.8 m³/h），通过流量计算器使空气流量达到此值。

（4）观测吸收液储槽的液位 LIC03，待其大于规定液位高度（200～300 mm）后，启动旋涡气泵 P202，将空气流量设定为规定值（4.0～18 m³/h），调节空气流量 FIC01 到此规定值（若长时间无法达到规定值，可以适当减小阀门 VA118 的开度）。

（5）确认阀门 VA111 处于关闭状态，启动吸收液泵 P101，观测泵出口压力 PI02（如没有示值，关泵，必须及时报告指导教师进行处理）。打开阀门 VA111，解吸液通过涡轮流量计 FI05从顶部进入解吸塔，通过解吸液泵变频器调节解吸液流量，直至 LI03 保持稳定，观测涡轮流量计 FI05 显示。

（6）观测空气由底部进入解吸塔和解吸塔内气液接触情况，空气入口温度由 TI03 显示。

（7）将阀门 VA118 逐渐关小至半开，观察空气流量 FIC01 的示值。气液两相被引入吸收塔后，开始正常操作。

3. 正常操作

（1）打开二氧化碳钢瓶阀门，调节二氧化碳流量到规定值，打开二氧化碳减压阀保温电源（二氧化碳减压要吸热）。

（2）二氧化碳与空气混合后制成实训用混合气从塔底进入吸收塔。

（3）注意观察二氧化碳流量变化，及时调整到规定值。

（4）操作稳定 20 min 后，分析吸收塔顶放空气体，解吸塔顶放空气体。

（5）气体在线分析：二氧化碳传感器检测吸收塔顶放空气体（AI03）、解吸塔顶放空气体（AI05）中的二氧化碳体积浓度，传感器将采集到的信号传输到显示仪器中，在显示仪表上读取数据。

4. 正常停车

（1）关闭二氧化碳钢瓶总阀门，关闭二氧化碳减压阀保温电源。

（2）10 min 后，关闭解吸液泵 P201 电源，关闭空气压缩机电源。

（3）吸收液流量变为 0 后，关闭吸收液泵电源。

（4）5 min 后，关闭涡轮气泵 P202 电源。

5. 吸收-解吸装置日常维护

（1）设备检查：

查泄漏，查腐蚀，查松动。

（2）日常保养：

由操作人员负责，每天进行，一是巡回检查设备运行状态以及完好状态，二是保持设备清洁、稳固。

6. 吸收-解吸装置的检修

（1）全面检查塔体的腐蚀程度。

（2）检查液体分布器的损坏情况。

（3）检查填料的损坏情况。

（4）清洗填料。

（5）更新部分螺栓、螺母、法兰垫片以及密封圈。

（6）检查、修理吸收-解吸装置附件。

实训操作过程中要求学生严格按照要求做好实验数据的记录。记录表如表 5-2、表 5-3 所示。

表 5-2 操作记录（一）

日期									
操作人员									
实训项目：吸收-解吸									
设备编号：第（ ）套									
时间	吸收塔								
	二氧化碳流量/（m³/h）	压缩空气		进液口			塔压/kPa	塔顶气体组成	吸收液储槽液位/mm
		流量/（m³/h）	温度/°C	流量/（m³/h）	温度/°C	泵出口压力/kPa			

表 5-2 操作记录（二）

日期									
操作人员									
实训项目：吸收-解吸									
设备编号：第（ ）套									
时间	解吸塔								
	二氧化碳流量/（m³/h）	压缩空气		进液口			塔压/kPa	塔顶气体组成	吸收液储槽液位/mm
		流量/（m³/h）	温度/°C	流量/（m³/h）	温度/°C	泵出口压力/kPa			

知识链接

吸收-解吸操作常见故障处理

在实际生产过程中，时常会出现一些异常现象，影响吸收-解吸操作的效果，甚至会引起严重的事故。实际生产操作者应该运用所学理论知识对出现的事故进行分析和处理，对出现的问题进行解决。

吸收-解吸过程中常见的故障有：出塔气中溶质含量高、吸收塔液泛、原料中断、塔液位波动等。操作过程中要求操作者针对出现的异常现象进行原因分析，找出解决的方法并且实际应用到操作过程中。

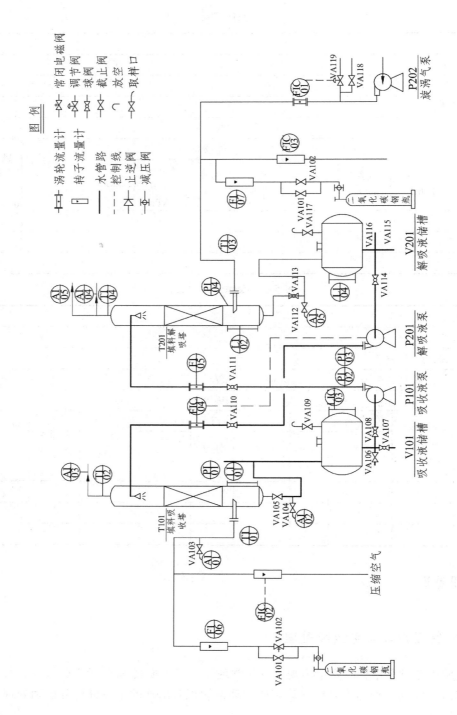

图 5-9　二氧化碳吸收-解吸实训装置带控制点工艺及设备流程图

附图

常见故障以及处理方法

1. 出塔气带液

（1）发生原因

① 吸收剂量过大；

② 吸收塔液面太高；

③ 原料气量过大；

④ 吸收剂太脏，黏度过大；

⑤ 填料堵塞。

（2）处理方法

① 减少吸收剂用量；

② 控制液面在适合的范围；

③ 减少入塔的原料气量；

④ 更新新鲜的吸收剂，并且进行过滤；

⑤ 停车清洗。

2. 塔内压差过大

（1）发生原因

① 进塔原料气量大；

② 进塔吸收剂量大；

③ 填料堵塞。

（2）处理方法

① 降低原料气量；

② 降低吸收剂量；

③ 清洗或者更换填料。

3. 吸收塔液位波动

（1）发生原因

① 吸收剂用量变化；

② 原料气压力波动；

③ 液位调节器发生故障。

（2）处理方法

① 稳定吸收剂用量；

② 稳定原料气压力；

③ 及时检查和修理。

4. 吸收剂用量突然降低

（1）发生原因

① 自来水压力不够或者断水；

② 溶液储槽液位低，泵抽空；

③ 溶液泵损坏。

（2）处理方法

① 启用备用水源或者停车；

② 补充溶液；

③ 启用备用泵或者停车检修。

思考与练习

一、选择题

1. 吸收操作中，塔内液面波动，产生的原因可能是（　　　）

 A. 原料气压力波动　　　　　　　　　　B. 吸收剂用量波动

 C. 液面调节器出现故障　　　　　　　　D. 都有可能

2. 操作中吸收剂的用量突然下降，产生的原因可能是（　　　）

 A. 溶液槽液位低，泵抽空　　　　　　　B. 水压低或者停水

 C. 水泵坏　　　　　　　　　　　　　　D. 以上三种原因

3. 吸收塔尾气超标，原因可能是（　　　）

 A. 塔压增大　　　　　　　　　　　　　B. 吸收剂降温

 C. 吸收剂用量增大　　　　　　　　　　D. 吸收剂的纯度下降

4. 吸收操作过程中，在塔的负荷范围内，当混合气处理量增大时，为了保持回收率不变，可以采取的措施有（　　　）

 A. 减少吸收剂的用量　　　　　　　　　B. 增大吸收剂的用量

 C. 升高操作温度　　　　　　　　　　　D. 减小操作压力

5. 吸收塔操作过程中，当吸收剂的用量增大时，出塔溶液浓度（　　　），尾气中溶质浓度（　　　）

 A. 下降　　下降　　　　　　　　　　　B. 增高　　增高

 C. 下降　　增高　　　　　　　　　　　D. 增高　　　下降

6. 吸收操作中，保持液位不变，随着气体速度的增加，塔压的变化趋势为（　　　）

 A. 变大　　　　　　　　　　　　　　　B. 变小

 C. 不变　　　　　　　　　　　　　　　D. 不能确定

7. 吸收操作中，减少吸收剂的用量，将引起尾气浓度（　　　）

 A. 升高　　　　　　　　　　　　　　　B. 下降

 C. 不变　　　　　　　　　　　　　　　D. 无法判断

二、简答题

1. 常用的填料有哪些？

2. 填料吸收塔在正常操作中应控制好哪些工艺条件？如何控制？

3. 如何调节吸收塔的液位？

任务五 吸收-解吸仿真操作

 训练目标

（1）了解工业吸收-解吸的操作原理及其工艺流程；
（2）学会吸收剂冷循环、热循环的操作过程；
（3）学会吸收塔、解吸塔的塔压控制；
（4）掌握吸收-解吸系统的冷态开车、正常运行、正常停车的操作要点；
（5）能正确分析事故产生的原因，并掌握事故处理的方法。

训练准备

流程见图（5-10 至图 5-13），以 C_6 油为吸收剂，分离气体混合物（其中 C_4：25.13%，CO 和 CO_2：6.26%，N_2：64.58%，H_2：3.5%，O_2：0.53%）中的 C_4 组分（吸收质）。

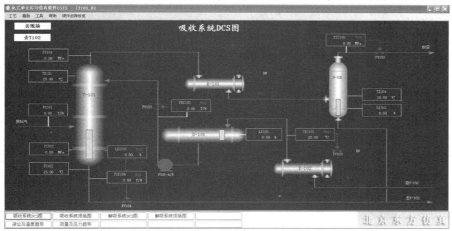

图 5-10 二氧化碳吸收系统 DCS 图

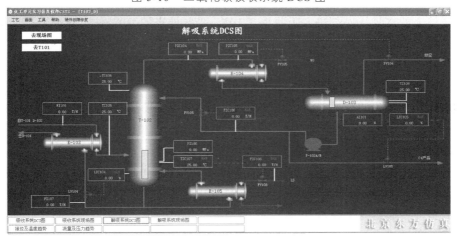

图 5-11 二氧化碳解吸系统 DCS 图

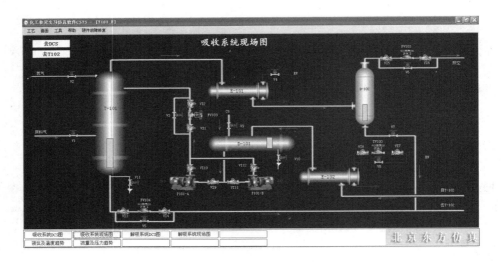

图 5-12 二氧化碳吸收系统现场图

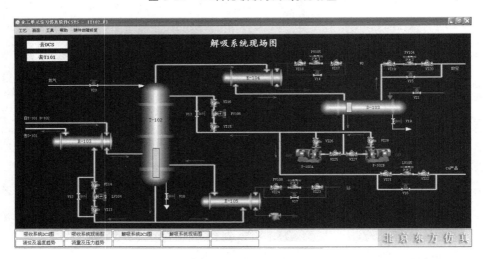

图 5-13 二氧化碳解吸系统现场图

从界区外来的富气从底部进入吸收塔 T-101。界区外来的纯 C_6 油吸收剂贮存于 C_6 油贮罐 D-101 中，由 C_6 油泵 P-101A/B 送入吸收塔 T-101 的顶部，C_6 流量由 FRC103 控制。吸收剂 C_6 油在吸收塔 T-101 中自上而下与富气逆向接触，富气中 C_4 组分被溶解在 C_6 油中。不溶解的贫气自 T-101 顶部排出，经盐水冷却器 E-101 被 -4 ℃ 的盐水冷却至 2 ℃，进入尾气分离罐 D-102。吸收了 C_4 组分的富油（C_4: 8.2%，C_6: 91.8%）从吸收塔底部排出，经贫富油换热器 E-103 预热至 80 ℃ 进入解吸塔 T-102。吸收塔塔釜液位由 LIC101 和 FIC104 通过调节塔釜富油采出量串级控制。

来自吸收塔顶部的贫气在尾气分离罐 D-102 中回收冷凝的 C_4、C_6 后，不凝气在 D-102 压力控制器 PIC103（1.2 MPa）控制下排入放空总管进入大气。回收的冷凝液（C_4、C_6）与吸收塔釜排出的富油一起进入解吸塔 T-102。

预热后的富油进入解吸塔 T-102 进行解吸分离。塔顶气相出料（C_4: 95%）经全冷器 E-104

换热降温至 40 °C，全部冷凝进入塔顶回流罐 D-103，其中一部分冷凝液由 P-102A/B 泵打回流至解吸塔顶部，回流量 8.0 T/h，由 FIC106 控制，其他部分作为 C₄ 产品在液位控制（LIC105）下由 P-102A/B 泵抽出。塔釜 C₆ 油在液位控制（LIC104）下，经贫富油换热器 E-103 和盐水冷却器 E-102 降温至 5 °C 返回至 C₆ 油贮罐 D-101 再利用，返回温度由温度控制器 TIC103 通过调节 E-102 循环冷却水流量控制。

　　T-102 塔釜温度由 TIC104 和 FIC108 通过调节塔釜再沸器 E-105 的蒸汽流量串级控制，控制温度 102 °C。塔顶压力由 PIC-105 通过调节塔顶冷凝器 E-104 的冷却水流量控制，另有一塔顶压力保护控制器 PIC-104，在塔顶有凝气压力高时通过调节 D-103 放空量降压。

　　因为塔顶 C₄ 产品中含有部分 C₆ 油及其他 C₆ 油损失，所以随着生产的进行，要定期观察 C₆ 油贮罐 D-101 的液位，补充新鲜 C₆ 油。

 训练步骤

　　（1）冷态开车过程：包括氮气充压、吸收塔及解吸塔进吸收油、吸收油冷循环、吸收油热循环、进富气及调整等过程操作。

　　（2）正常运行过程：主要维持各工艺参数稳定运行，密切注意参数变化。

　　（3）正常停车过程：包括停富气进料和产品出料、停吸收塔系统、停解吸塔系统和吸收油贮罐泄油等操作。

　　（4）事故处理过程：当发生冷却水中断，加热蒸汽中断，仪表、空气突然中断，停电，泵坏，阀卡，再沸器结垢严重等事故时，及时发现并排出。

 思考与练习

　　1. 为什么在高压、低温的条件下进行操作对吸收过程的进行有利？

　　2. 什么是吸收油冷循环和热循环？

　　3. 操作时若发现富油无法进入解吸塔，是由哪些原因导致？应如何调整？

　　4. 假如本单元的操作已经平稳，这时吸收塔的进料富气温度突然升高，分析会导致什么现象？

　　5. 如果系统不稳定，吸收塔的塔顶压力上升（塔顶 C₄ 增加），有几种手段将系统调节正常？

　　6. C₆ 油贮罐进料阀为一手操阀，有没有必要在此设一个调节阀，使进料操作自动化，为什么？

模块六　精　馏

教学目标

（1）记忆蒸馏、精馏操作的定义，主要设备的名称及作用；
（2）记忆在精馏过程中物料的表示方法；
（3）记忆蒸馏工艺流程、精馏工艺流程；
（4）运用物料平衡公式进行塔顶产品、塔底残液、回流比等相关的计算；
（5）理解塔板工作原理、回流操作目的；
（6）了解塔板类型。

技能目标

（1）能够熟练掌握精馏开车操作及停车操作；
（2）运用精馏装置完成酒精溶液的分离提纯。

在化工生产中，液体原料的除杂过程和产品的提纯过程都需要采用精馏操作；在一些生产中，精馏操作甚至直接生产产品，如蒸馏水生产企业利用精馏装置生产蒸馏水产品，石油加工企业利用蒸馏装置生产汽油、柴油、煤油等产品。因此，精馏操作的理论知识是工艺人员应该掌握的重要基础知识，在今后生产操作中应用较多。本模块主要介绍精馏过程理论知识。

任务一　精馏的基本原理

 任务引入

某工厂的废水中，含有浓度 30%的乙醇，直接排放会污染环境，同时也浪费乙醇原料，需要通过精馏处理，回收大部分的乙醇，减少环境污染。本任务根据该工厂的情况，对精馏操作的原理进行介绍。

 任务分析

该工厂的废水组成：30%的乙醇和 70%的水；工厂的要求是把乙醇提纯回收，生产 80%

的乙醇副产品。该工厂采用混合液体分离提纯最常用的分离方法——精馏。该方法操作简单，效果较好。

相关知识

一、认识精馏的基本概念

最早出现用于分离混合液体的方法是蒸馏，利用混合液各组分沸点不同，进行加热蒸馏，将混合液分离。但实际生产中，产品的质量不高，分离效果不好。在蒸馏的基础上，将蒸馏产品再一次进行蒸馏，其产品质量提高。由此，出现了将蒸馏产品多次蒸馏的方法，该方法称为精馏。

1. 蒸馏操作

（1）蒸馏的定义

蒸馏操作是利用液体混合物中各组分挥发性（沸点）的不同，将各组分分离提纯的单元操作。"蒸"指的是蒸发，将液体加热产生蒸气；"馏"指的是冷凝，将蒸气凝聚为液体。在蒸馏过程中，沸点低的轻组分先形成蒸气，因此凝聚下来的新液体中轻组分含量较高，轻组分被分离提纯。

（2）简单蒸馏的过程

简单蒸馏是将混合液投入蒸馏釜中，逐渐加热使其部分汽化，并将生成的蒸气移出，在冷凝器内冷凝，作为轻组分产品；重组分产品沸点高，不易蒸出，留在蒸馏釜内，这种分离方法称为简单蒸馏。简单蒸馏流程如图 6-1 所示。原料液加入蒸馏釜中，利用加热水蒸气进行加热，使原料液升温并逐渐部分汽化，产生的产品蒸气经过釜顶到达冷凝器进行冷凝液化，形成产品液（轻组分产品）。由于在生产中，开始生产时产品质量高，生产过程中质量不断降低，可根据产品质量，分别将产品收集在 A、B、C 不同的产品储槽中。生产结束后，蒸馏釜内的残液（重组分产品）从釜底排放。

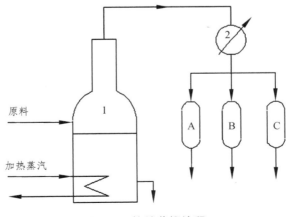

图 6-1 简单蒸馏流程

1—蒸馏釜；2—冷凝器；A、B、C—产品储槽

由于简单蒸馏分离效果有限，一般用于混合液的粗分离。对于工业上分离要求高的生产，一般采用精馏操作。

2. 精馏操作

在每一次蒸馏中，轻组分产品的浓度得到提高，精馏操作是利用多次蒸馏完成对轻重两个组分的分离。在精馏过程中，混合液进行了多次汽化-液化过程，轻组分产品浓度不断提高，得到符合生产要求的产品。

二、精馏原理

1. 精馏工作过程

精馏，其本质是多次蒸馏，简单来说，就是一次又一次蒸馏，使产品浓度得到提高。在实际生产中，精馏操作要借助精馏塔才能进行。精馏工作过程如图 6-2 所示。在生产过程中，原料混合液（30%乙醇溶液）从精馏塔中部的加料板处加入，混合液在加料板中被加热并部分汽化，形成气液两相；蒸气中，轻组分（乙醇）浓度提高，上升到上一个塔板，再次液化-汽化，浓度不断提高，最终作为产品蒸气从塔顶排出；液相中，轻组分（乙醇）浓度减少，下降到下一个塔板，再次加热汽化-液化，浓度不断减小，液相最终形成残液（乙醇含量＜5%），从塔底排出，通过此过程，完成对混合液（30%乙醇溶液）的分离提纯。

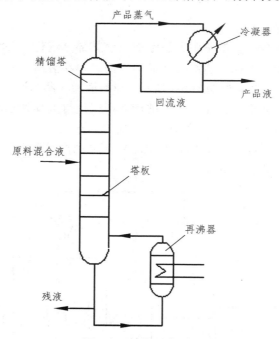

图 6-2　精馏工作过程

以上过程可以看成在精馏塔内乙醇溶液在下降过程中进行多次部分汽化，易挥发的乙醇被赶出，形成残液；气相物质在上升过程进行多次部分液化，难挥发的水被转移到液相，形成高浓度的乙醇产品。利用精馏装置，低浓度的酒精通过整个精馏过程，最终塔顶产出高浓度的乙醇产品，塔釜排出废水。

2. 塔板工作过程

上述精馏塔塔内有 8 块塔板，每一块塔板理论上完成一次液化-汽化过程，类似于进行一次蒸馏，塔板数量越多，精馏效果越好。加料处的塔板一般称为加料板。塔板中一般留有蒸气上升通道和液体下降通道，塔板的工作过程如图 6-3 所示。塔板 6 在加热下，进行部分汽化，产生蒸气，蒸气中乙醇浓度提高；蒸气上升到塔板 7，进行热量交换，被冷凝为液体，其本质是塔板 6 中的乙醇溶液被进行一次汽化-液化过程，转化为塔板 7 中的乙醇溶液，因此，我们可看作乙醇溶液在塔板 6 中进行了一次蒸馏，浓度得到提高。

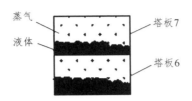

图 6-3　塔板工作过程

在正常生产中，塔板处于沸腾状态，由于塔顶含乙醇多，沸点相对较低（接近 78 ℃），沸腾过程的温度相对低一些；塔底水分多，沸点高（接近 100 ℃），沸腾过程温度相对高一些，因此，整个精馏塔从上往下温度递升，下面塔板温度高于上面的塔板，下面塔板产生的蒸气对上面的塔板有加热效应。

3. 精馏段与提馏段的区别

一般在生产中，人们习惯将精馏塔进料板以上称为精馏段，进料板以下称为提馏段。精馏段，原料物质以蒸气形式向上运动，乙醇浓度不断提高，精馏段塔板越多，提纯效果越好；提馏段，原料以液体形式向下运动，乙醇不断被蒸出，残液中乙醇含量少，提馏段塔板越多，排放的残液中乙醇的浪费越少。

 思考与练习

1. 什么叫蒸馏？在蒸馏过程中，"蒸"是指什么，"馏"是指什么？
2. 简述蒸馏工作过程。
3. 什么叫精馏？精馏与蒸馏有什么不同？
4. 简述精馏的工作原理。

任务二　精馏工艺流程及设备

 任务引入

某工厂利用精馏工艺在废水中回收乙醇，在该精馏工艺中，应该用到哪些主要设备？精馏工艺流程是怎么样的？这是本任务讨论的问题。

 任务分析

　　通过对精馏原理的学习，我们知道了精馏的本质是多次蒸馏。如何对原料进行多次蒸馏，精馏流程采用了精馏塔、再沸器、冷凝器等设备，实现对原料的精馏。本任务围绕精馏流程及设备进行学习。

 相关知识

一、精馏流程

　1. 物料性质与精馏的关系

（1）精馏的物料

　　精馏的物料一般为液体，精馏是用于分离混合液体的。

（2）沸点与精馏的关系

　　精馏利用各组分沸点不同，将混合液体分离。轻组分和重组分的沸点差异越大，分离越容易。对于乙醇溶液的精馏，在常压下，纯乙醇的沸点是 78.4 ℃，纯水的沸点 100 ℃。乙醇溶液乙醇含量越高，沸腾的温度越接近 78.4 ℃；乙醇含量越低，溶液的沸腾温度越接近 100 ℃。精馏塔塔底乙醇含量很低，所以塔底温度接近 100 ℃；塔顶乙醇含量高，所以塔顶温度较低。每一个塔板类似一次蒸馏，每上升一个塔板，乙醇浓度提高，溶液的沸腾点降低。

　2. 乙醇溶液精馏流程

　　将 30%的乙醇溶液作为原料进行精馏，精馏工艺流程如图 6-4 所示。30%的乙醇溶液从原料槽通过原料泵输送到原料预热器，加热到加料板温度范围，进入精馏塔；原料液部分汽化，

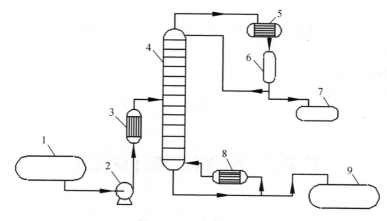

图 6-4　乙醇精馏流程

1—原料槽；2—原料泵；3—原料预热器；4—精馏塔；5—冷凝器；
6—冷凝液槽；7—产品槽；8—再沸器；9—残液槽

向上运动，乙醇含量不断增加，最终以蒸气形式从塔顶排出，进入冷凝器降温液化，冷凝液为高浓度乙醇溶液，一部分回流提供回流液，一部分作为产品液产出。进入精馏塔的原料液有部分以液体形式向下运动，在向下运动中，乙醇不断被蒸出，低浓度的乙醇溶液从塔底排出，部分到再沸器加热后回流精馏塔，为精馏塔提供热量，一部分作为残液排放到残液槽。在该流程中，进入精馏系统的是 30%的乙醇原料液，离开精馏系统的是高纯度的乙醇溶液和残液废水，整个精馏系统完成对乙醇溶液的分离提纯。

二、精馏相关设备

在化工生产中，大多数工厂有精馏过程，而精馏工艺一般差别不大，整个工艺一般由精馏塔、原料预热器、塔底再沸器、塔顶冷凝器等设备组成。

1. 精馏塔结构

精馏塔主要有板式塔和填料塔两种，最常见的为板式塔。本任务主要介绍板式塔。

（1）塔体

塔体通常为圆柱形，一般用钢板焊接而成。塔内分若干个塔板，其结构如图 6-5 所示。

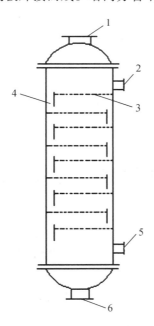

图 6-5　板式塔结构图

1—蒸气出口；2—回流液入口；3—蒸气上升通道；4—液体下降通道；
5—再沸蒸气入口；6—液体出口；

（2）塔板

常见的塔板有泡罩塔板、筛板塔板、浮阀塔板等，塔板工作原理相似。

① 泡罩塔塔板

泡罩塔塔板的工作过程如图 6-6 和图 6-7 所示。塔板上的圆孔是蒸汽上升通道，称为板孔；

塔板边缘设置了液体下降通道，称为降液管；为了保证在塔板上保持一层液面，保证气液接触效果，在塔板上设置了在溢流堰，称为出口堰。泡罩塔塔板结构如图6-8所示。

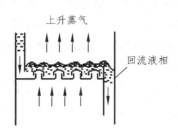

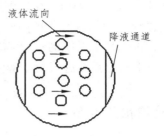

图6-6　泡罩塔工作示意图　　　　图6-7　泡罩塔板平面图

图6-8　泡罩塔塔板实物图

② 筛板塔塔板

筛板塔塔板结构如图6-9所示。筛板塔的特点是结构简单，用于加工溶液，但工作效果比其他塔板差。

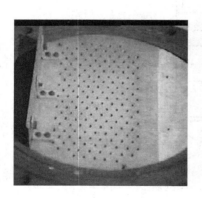

图6-9　筛板塔塔板实物图

③ 浮阀塔塔板

浮阀塔塔板结构如图6-10所示。浮阀塔的特点是在板孔上面加入了浮阀，浮阀可以根据上升蒸气压力调节出口大小，浮阀塔操作弹性大。

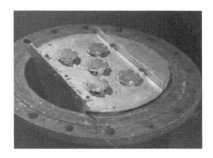

图 6-10　浮阀塔塔板图片

2. 换热器

在精馏工艺中，原料预热器、塔底再沸器、塔顶冷凝器都属于换热器。大多工厂都采用列管换热器，列管换热器的工作过程如图 6-11 所示。工厂中换热器的形状如图 6-12 所示。

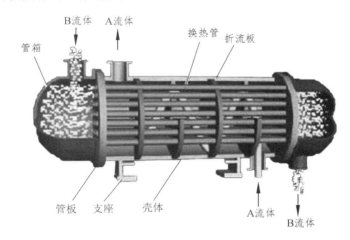

图 6-11　列管换热器的工作过程

图 6-12　列管换热器形状

（1）原料预热器

原料预热器设置在精馏塔原料进口前，在生产中，保证进入精馏塔的原料温度接近塔内温度，不破坏塔的温度稳定。

（2）塔底再沸器

塔底再沸器设置在精馏塔塔底出口的后面。对精馏塔出口部分液体进行加热，增加上升蒸气，为精馏塔提供热量，同时在加热过程中，进一步蒸出轻组分，可避免轻组分浪费。

（3）塔顶冷凝器

塔顶冷凝器设置在精馏塔塔顶出口后面，从塔顶出来的蒸气经过塔顶冷凝器冷凝为液体，一部分作为回流液保证精馏塔稳定的降液过程，一部分作为产品液。

 思考与练习

一、填空题

1. 在乙醇溶液的精馏过程中，轻组分为_____重组分为_____。
2. 在精馏过程中，轻组分主要从精馏塔_____送出；重组分从精馏塔_____送出。
3. 精馏塔塔板主要由_____、_____、_____等组成。
4. 常见的塔板类型有_____、_____、_____等。

二、思考题

1. 简述乙醇溶液精馏提纯过程。
2. 简述塔板工作过程。
3. 简述筛板塔的特点。

任务三　精馏操作过程的相关计算

 任务引入

在 30% 酒精溶液提纯过程中，如何保证精馏过程稳定生产？如何保证提纯产品的纯度？如何减少残液中乙醇的浪费？

 任务分析

在精馏生产中，保证生产稳定必须保证设备内物料的稳定，通过物料衡算公式，可以确定生产中的进料、出料情况。为了保证提纯产品的纯度和减少残液的浪费，也可以通过物料衡算公式计算来实现。

相关知识

一、产品量的计算

1. 物料衡算公式的分析

在精馏生产中，为保证生产稳定，必须保证精馏塔内物料稳定，进料量等于出料量，精馏塔在生产中,物料才能稳定。如图 6-13 所示,进入精馏塔的原料为 30%的酒精溶液,用"F"代表进料量,单位为 kmol/h,原料中乙醇(轻组分)的含量为 χ_F;经过精馏后,塔顶输出的产品用"D"代表流量,单位为 kmol/h,其中乙醇(轻组分)含量为 χ_D;塔底输出的残液用"W"代表流量,单位为 kmol/h,其中乙醇(轻组分)含量为 χ_W。

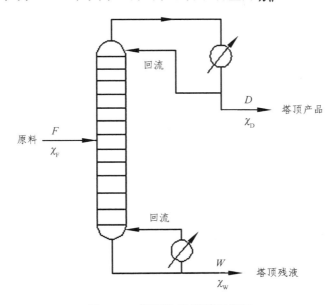

图 6-13 精馏物料衡算示意图

2. 物料衡算公式

精馏塔生产中,要保证塔内物料稳定,进料量等于出料量,由精馏物料衡算示意图得到下述关系式:

全塔物料衡算式:$F=D+W$

全塔轻组分的衡算式:$F \cdot \chi_F = D \cdot \chi_D + W \cdot \chi_W$

将上述两个衡算式进行合并后,可得到产品量和残液量的计算式:

塔顶产品量计算公式:

$$D=\frac{F\left(\chi_F-\chi_W\right)}{\chi_D-\chi_W}$$

塔底残液量计算公式:

$$W=\frac{F\left(\chi_D-\chi_F\right)}{\chi_D-\chi_W}$$

二、回流比的计算

1. 认识回流比

如图 6-14 所示,塔顶蒸气经过冷凝后,一部分作为产品采出,用"D"表示,一部分回流精馏塔,称为回流液,用"L"表示。回流比就是回流液和采出液的比值,一般用"R"表示。塔顶蒸气流量用"V"表示。塔顶物料平衡关系：$V=L+D$。

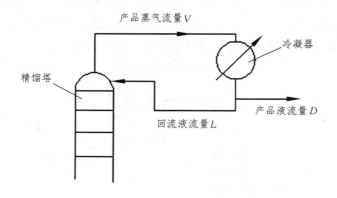

图 6-14   回流操作示意图

2. 回流的目的

在精馏生产中，普遍采用回流操作，目的是将高浓度的塔顶冷凝液重新送回精馏塔，提高产品浓度；同时，可保证塔板的液相回流（塔板液面稳定和有稳定的降液）。生产中，回流量与塔顶浓度有关，调大回流量，塔顶采出产品的浓度会提高，在生产中，可用于产品质量的调节。工厂中，通常把回流比作为调节产品质量的参数。

3. 回流比的计算公式

回流比计算公式：

$$R = \frac{L}{D}$$

式中 R——回流比；

L——回流流量，kmol/h；

D——塔顶产品流量，kmol/h。

在生产中，塔顶生产的蒸气是一定的，冷凝液的量不变，从该公式 $R = \dfrac{L}{D}$ 可看出，回流比调大，则回流量大，产品量小，产品的质量提高了，但产量下降了；回流比调小，则回流量小，产品量大，产品的产量提高了，但质量下降。工厂生产中，通常通过调节回流比，进行产品质量和产量的控制。

 任务实施

【例题 1】

在图 6-13 的精馏操作中，工厂要求对酒精溶液进行提纯，已知原料酒精溶液的浓度为 30%，进料量为 $F=100$ kmol/h，要求提纯后酒精纯度达到 80%，排放的残液中乙醇含量小于 3%。要达到工厂的要求，得到的塔顶产品量 D 和塔底残液量 W 分别为多少？（kmol/h）

解：（1）已知条件：原料液流量 F=100 kmol/h

原料液中乙醇的含量 χ_F=30%

塔顶产品中乙醇含量 χ_D=80%

塔底产品中乙醇含量 χ_W=3%

（2）利用塔顶产品量计算公式计算塔顶产品量：

$$D = \frac{F(\chi_F-\chi_W)}{\chi_D-\chi_W} = \frac{100\times(30\%-3\%)}{80\%-3\%} = 35.06\ (\text{kmol/h})$$

（3）利用塔底残液量计算公式：$W=\dfrac{F(\chi_D-\chi_F)}{\chi_D-\chi_W}$ 计算塔底残液量：

$$W = \frac{F(\chi_D-\chi_F)}{\chi_D-\chi_W} = \frac{100\times(80\%-30\%)}{80\%-3\%} = 64.94\ (\text{kmol/h})$$

所以，要达到该工厂要求，塔顶产品采出量为 35.06 kmol/h，塔底残液排出量为 64.94 kmol/h。

✏️ **思考与练习**

一、填空题

1. 在精馏生产操作中，回流量一般用符号_____表示；进料量用符号 _____表示；塔顶产品量用符号_____表示；塔底残液量用符号_____表示。

2. 在精馏过程中，塔顶产品量的计算公式：_____。

3. 在精馏过程中，塔底残液量的计算公式：_____。

4. 在精馏过程中，回流比计算公式：_____。

二、思考题

1. 简述在精馏生产中采用回流操作的目的。

2. 简述在精馏生产中，回流比对产品的质量和产量有何影响。

任务四　精馏实训操作训练

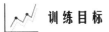 **训练目标**

该套装置模拟工厂精馏生产单元系统，配置 DCS 操作系统，训练学生实际化工生产的操作能力，实现对低浓度酒精溶液的提纯。

记忆：（1）精馏操作工艺流程；

（2）该装置中各个设备的名称及作用；

（3）主要阀门的名称和位置。

理解：（1）精馏实训原理；

（2）精馏操作工作原理及主要设备的构造；

（3）回流操作的目的。

运用：根据所掌握的专业理论知识，完成精馏操作各个项目的操作运行

（1）全回流操作；

（2）部分回流操作；

（3）停车操作；

（4）锻炼学生判断和排除故障的能力。

 训练准备

了解精馏塔工作原理及精馏塔达到稳定的判断方法。

实训操作步骤

一、各项工艺操作指标

温度控制：预热器出口温度（TICA712）：75～85 ℃，高限报警：H=85 ℃（具体根据原料的浓度来调整）；

再沸器温度（TICA714）：80～100 ℃，高限报警：H=100 ℃（具体根据原料的浓度来调整）；

塔顶温度（TIC703）：78～80 ℃（具体根据产品的浓度来调整）。

流量控制：冷凝器上冷却水流量：0～200 L/h

进料流量：0～10 L/h；

回流流量：由塔顶温度确定；

产品流量：由冷凝液槽液位确定。

液位控制：塔釜液位：0～600 mm（高限报警：H=400 mm，低限报警：L=200 mm）；

原料槽液位：0～400 mm（高限报警：H=300 mm，低限报警：L=100 mm）。

压力控制：系统压力：-0.04～0.02 Mpa。

质量浓度控制：原料中乙醇含量：15%～20%；

塔顶产品乙醇含量：80%～94%；

塔底产品乙醇含量：<5%。

实训操作之前，请仔细阅读实验装置操作规程，以便完成实训操作。

注：开车前应检查所有设备、阀门、仪表所处状态，精馏流程各主要阀门如表 6-1 所示。

表 6-1 主要阀门一览表

序号	编号	设备阀门功能	序号	编号	设备阀门功能
1	VA01	原料槽进料阀	24	VA24	残液槽抽真空阀
2	VA02	产品回流阀	25	VA25	残液槽排污阀
3	VA03	原料槽放空阀	26	VA26	塔顶安全阀
4	VA04	原料槽抽真空阀	27	VA27	冷凝器冷水进口阀
5	VA05	原料槽排污阀	28	VA28	冷凝器冷水进口电磁阀（故障点）
6	VA06	原料槽取样减压阀	29	VA29	冷凝液槽放空阀
7	VA07	原料槽取样阀	30	VA30	冷凝液槽抽真空阀
8	VA08	原料泵进口阀	31	VA31	冷凝液槽抽真空电磁阀（故障点）
9	VA09	原料泵出口阀	32	VA32	冷凝液槽出料阀
10	VA10	旁路进料阀	33	VA33	产品取样减压阀
11	VA11	预热器排污阀	34	VA34	产品取样阀
12	VA12	第八塔板进料阀	35	VA35	回流进料阀
13	VA13	第十塔板进料阀	36	VA36	产品进料阀
14	VA14	第十一塔板进料阀	37	VA37	产品槽放空阀
15	VA15	塔釜出料阀	38	VA38	产品槽抽真空阀
16	VA16	塔釜料液直接到残液槽阀	39	VA39	产品槽排污阀
17	VA17	塔釜和再沸器排液到残液槽阀	40	VA40	产品送出阀
18	VA18	塔釜和再沸器排污阀	41	VA41	氮气进口阀
19	VA19	塔底换热器冷水进口阀	42	VA42	缓冲罐放空阀
20	VA20	残液取样减压阀	43	VA43	缓冲罐进气阀
21	VA21	残液取样阀	44	VA44	缓冲罐抽真空阀
22	VA22	塔底换热器料液出口阀	45	VA45	缓冲罐排污阀
23	VA23	残液槽放空阀			

二、开车前准备

（1）由相关操作人员组成装置检查小组，对本装置所有设备、管道、阀门、仪表电气、分析、保温等按工艺流程图要求和专业技术要求进行检查。

（2）检查所有仪表是否处于正常状态。

（3）检查所有设备是否处于正常状态。

（4）试电：检查外部供电系统，确保控制柜上所有开关均处于关闭状态；开启外部供电系统总电源开关；打开控制柜上空气开关；打开装置仪表电源总开关，打开仪表电源开关，查看所有仪表是否上电，指示是否正常；将各阀门顺时针旋转到关的状态。

（5）准备原料：配制质量比为 15%～20% 的乙醇溶液 60 L，通过原料槽进料阀（VA01）加到原料槽，至其容积的 1/2～2/3。

（6）开启公用系统，将冷却水管进水总管和自来水龙头相连，冷却水出水总管接软管到下水道，以备用。

三、常压精馏开车操作

（1）确认关闭原料槽、原料加热器和再沸器排污阀（VA05、VA11、VA18）、再沸器至塔底换热器连接阀门（VA17）、塔釜出料阀（VA15）、冷凝液槽出口阀（VA32）、与真空系统的连接阀（VA04、VA24、VA30、VA37）。

（2）开启控制台、仪表盘电源。

（3）将配制好的原料液加到原料槽。

（4）开启原料泵进出口阀门（VA08、VA09），精馏塔原料液进口阀（VA12、VA13、VA14）中的任一阀门（根据具体操作选择）。

（5）开启塔顶冷凝液槽放空阀（VA29）。

（6）确认关闭预热器和再沸器排污阀（VA13、VA15）、再沸器至塔底冷却器连接阀门（VA14）、塔顶冷凝液槽出口阀（VA29）。

（7）启动原料泵，通过旁路快速进料，当观察到原料加热器上的视镜中有一定的料液后，可缓慢开启原料加热器加热系统，同时继续向精馏塔塔釜内进料，调节好再沸器液位，并酌情停原料泵。

（8）启动精馏塔再沸器加热系统，使系统缓慢升温，开启精馏塔塔顶冷凝器冷却水进水阀（VA27），调节好冷却水流量，关闭冷凝液槽放空阀（VA29）。

（9）当冷凝液槽液位达到1/3时，开冷凝液槽出料阀（VA32）和回流阀（VA35），启动回流泵，系统进行全回流操作，控制冷凝液槽液位稳定，控制系统压力、温度稳定。当系统压力偏高时，可通过冷凝液槽放空阀（VA29）适当排放不凝性气体。

（10）当精馏塔塔顶气相温度稳定于78~79℃时（或较长时间回流后，精馏塔塔节上部几点温度趋于相等，接近酒精沸点温度，可视为系统全回流稳定），用酒精比重计分析塔顶产品含量，当塔顶产品酒精含量大于90%，塔顶采出产品合格。

（11）开塔底换热器冷却水进口阀（VA19），根据塔釜温度，开塔釜残液出料阀（VA15）、产品进料阀（VA36）、塔底换热器料液出口阀（VA22）。

（12）当再沸器液位开始下降时，启动原料泵，控制加热器加热功率为额定功率的15%~20%，原料液预热温度在35~40℃，送入精馏塔。

（13）调整精馏系统各工艺参数，稳定塔操作系统。

（14）及时做好操作记录。

四、停车操作

（1）系统停止加料，原料预热器停止加热，关原料液泵进出口阀（VA08、VA09），停原料泵。

（2）根据塔内物料情况，再沸器停止加热。

（3）当塔顶温度下降，无冷凝液馏出后，关闭塔顶冷凝器冷却水进水阀（VA19），停冷却水，停回流泵，关泵进出口阀。

（4）当再沸器和预热器物料冷却后，开再沸器和预热器排污阀（VA11、VA18），放出预热器及再沸器内物料，开塔底冷凝器排污阀（VA17）、塔底产品槽排污阀，放出塔底冷凝器内物料、塔底产品槽内物料。

（5）停控制台、仪表盘电源。

（6）做好设备及现场的整理工作。

五、绘制工艺流程图

参考附图精馏工艺流程图（图 6-15），学生自己动手绘制现场工艺流程图，附在实训报告后面。

六、数据记录表

参考附表精馏操作工艺记录表（包括各参数物理单位）（表 6-2）。

七、正常操作注意事项

（1）精馏塔系统采用自来水作试漏检验时，系统加水速度应缓慢，系统高点排气阀应打开，密切监视系统压力，严禁超压。

（2）再沸器内液位高度一定要超过 100 mm，才可以启动再沸器电加热器进行系统加热，严防干烧损坏设备。

（3）原料预热器启动时应保证液位满罐，严防干烧损坏设备。

（4）精馏塔塔釜加热应逐步增加加热电压，使塔釜温度缓慢上升，升温速度过快，宜造成塔视镜破裂（热胀冷缩）；而且大量轻、重组分同时蒸发至塔釜内，延长塔系统达到平衡时间。

（5）精馏塔塔釜初始进料时进料速度不宜过快，防止塔系统进料速度过快满塔。

（6）系统全回流时应控制回流流量和冷凝流量基本相等，保持回流液槽液位稳定，防止回流泵抽空。

（7）系统全回流流量控制在 6 ~ 10 L/h，保证塔系统气液接触效果良好，塔内鼓泡明显。

（8）在系统进行连续精馏时，应保证进料流量和采出流量基本相等，各处流量计操作应互相配合，默契操作，保持整个精馏过程的操作稳定。

（9）塔顶冷凝器的冷却水流量应保持在 100 ~ 120 L/h，保证出冷凝器塔顶液相在 30 ~ 40 ℃、塔底冷凝器产品出口保持在 40 ~ 50 ℃。

（10）分析方法可以为酒精比重计分析或色谱分析。

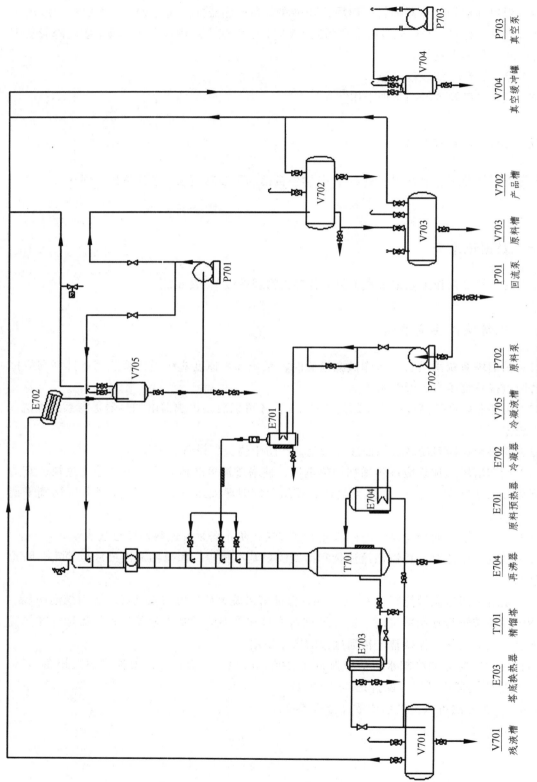

图 6-15 精馏工艺流程图

P703 真空泵

V704 真空缓冲罐

V702 产品槽

V703 原料槽

P701 回流泵

P702 原料泵

V705 冷凝液槽

E702 冷凝器

E701 原料预热器

E704 再沸器

T701 精馏塔

E703 塔底换热器

V701 残液槽

表 6-2 精馏操作工艺记录卡

姓名：_____；班级：_____；操作装置号：_____；原料罐初始液位（L_1）：_____mm；
原料罐终液位（L_2）：_____mm；原料浓度：_____；产品浓度：_____；产量：_____L

时间	温度/°C					塔釜液位/mm	压力/kPa		预热器现场温度/°C	塔顶采出流量/（L/h）	回流量/（L/h）	进料量/（L/h）	残液量/（L/h）
	原料液	预热器	塔釜	第3板	第11板	塔顶	塔顶	塔釜					

任务五　精馏单元操作仿真训练

训练目标

（1）了解精馏流程与作用，学会精馏的操作。
（2）掌握精馏操作中故障的分析、判断及排除。

训练准备

（1）了解精馏塔结构、特性及精馏分离提纯的基本原理。
（2）掌握计算机控制系统的基本操作。

操作步骤

一、工艺流程简介

本流程是利用精馏方法，在脱丁烷塔中将丁烷从脱丙烷塔釜混合物中分离出来。精馏是将液体混合物部分汽化，利用其中各组分相对挥发度的不同，通过液相和气相间的质量传递来实现混合物的分离。本装置中将脱丙烷塔釜混合物部分汽化，由于丁烷的沸点较低，即其挥发度较高，故丁烷易于从液相中汽化出来，再将汽化的蒸气冷凝，可得到丁烷组成高于原料的混合物，经过多次汽化冷凝，即可达到分离混合物中丁烷的目的。原料为 67.8 ℃ 脱丙烷塔的釜液（主要有 C_4、C_5、C_6、C_7 等），由脱丁烷塔（DA-405）的第 16 块板进料（全塔共 32 块板），进料量由流量控制器 FIC101 控制。灵敏板温度由调节器 TC101 通过调节再沸器加热蒸气的流量，来控制提馏段灵敏板温度，从而控制丁烷的分离质量。脱丁烷塔塔釜液（主要为 C_5 以上馏分）一部分作为产品采出，一部分经再沸器（EA-418A、B）部分汽化为蒸气从塔底上升。塔釜的液位和塔釜产品采出量由 LC101 和 FC102 组成的串级控制器控制。再沸器采用低压蒸汽加热。塔釜蒸气缓冲罐（FA-414）液位由液位控制器 LC102 调节底部采出量控制。塔顶的上升蒸气（C_4 馏分和少量 C_5 馏分）经塔顶冷凝器（EA-419）全部冷凝成液体，该冷凝液靠位差流入回流罐（FA-408）。塔顶压力 PC102 采用分程控制：在正常的压力波动下，通过调节塔顶冷凝器的冷却水量来调节压力；当压力超高时，压力报警系统发出报警信号，PC102 调节塔顶至回流罐的排气量来控制塔顶压力，调节气相出料。操作压力 4.25 atm（表压），高压控制器 PC101 将调节回流罐的气相排放量，来控制塔内压力稳定。冷凝器以冷却水为载热体。回流罐液位由液位控制器 LC103 调节塔顶产品采出量来维持恒定。回流罐中的液体一部分作为塔顶产品送下一工序，另一部分液体由回流泵（GA-412A、B）送回塔顶作为回流，回流量由流量控制器 FC104 控制。

二、工艺流程（参考流程仿真界面）

工艺流程如图 6-16 所示。

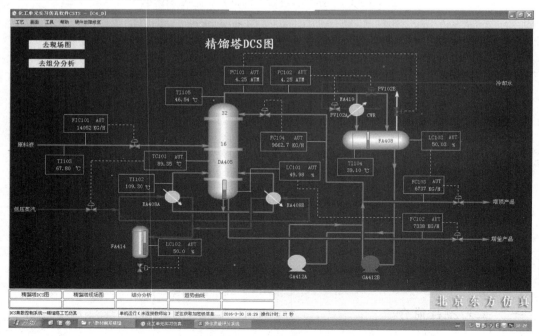

图 6-16   精馏工艺流程

三、设备及控制仪表介绍

1. 设备名称介绍

设备名称如表 6-3 所示。

表 6-3　设备名称一览表

位号	名称	位号	名称
DA-405	脱丁烷塔	GA-412A、B	回流泵
EA-419	塔顶冷凝器	EA-418A、B	塔釜再沸器
FA-408	塔顶回流罐	FA-414	塔釜蒸气缓冲罐

2. 控制仪表介绍

控制仪表如表 6-4 所示。

表 6-4　控制仪表一览表

位号	说明	类型	正常值	量程高限	量程低限	工程单位
FIC101	塔进料量控制	PID	14056.0	28000.0	0.0	kg/h
FC102	塔釜采出量控制	PID	7349.0	14698.0	0.0	kg/h
FC103	塔顶采出量控制	PID	6707.0	13414.0	0.0	kg/h
FC104	塔顶回流量控制	PID	9664.0	19000.0	0.0	kg/h
PC101	塔顶压力控制	PID	4.25	8.5	0.0	atm
PC102	塔顶压力控制	PID	4.25	8.5	0.0	atm
TC101	灵敏板温度控制	PID	89.3	190.0	0.0	°C
LC101	塔釜液位控制	PID	50.0	100.0	0.0	%
LC102	塔釜蒸气缓冲罐液位控制	PID	50.0	100.0	0.0	%
LC103	塔顶回流罐液位控制	PID	50.0	100.0	0.0	%
TI102	塔釜温度	AI	109.3	200.0	0.0	°C
TI103	进料温度	AI	67.8	100.0	0.0	°C
TI104	回流温度	AI	39.1	100.0	0.0	°C
TI105	塔顶气温度	AI	46.5	100.0	0.0	°C

四、操作

1. 冷态开车操作规程

进料过程：开 FA-408 顶放空阀 PC101 排放不凝气，稍开 FIC101 调节阀（不超过 20%），向精馏塔进料。进料后，塔内温度略升，压力升高。当压力 PC101 升至 0.5 atm 时，关闭 PC101 调节阀，投自动，并控制塔压不超过 4.25 atm（如果塔内压力大幅波动，改回手动调节，稳定压力）。

启动再沸器：当压力 PC101 升至 0.5 atm 时，打开冷凝水 PC102 调节阀至 50%；塔压基本稳定在 4.25 atm 后,可加大塔进料量(FIC101 开至 50%左右)。待塔釜液位 LC101 升至 20% 以上时,开加热蒸汽入口阀 V13,再稍开 TC101 调节阀,给再沸器缓慢加热,并调节 TC101 阀开度使塔釜液位 LC101 维持在 40%~60%。待 FA-414 液位 LC102 升至 50%时,投自动, 设定值为 50%。

建立回流:随着塔进料增加和再沸器、冷凝器投用,塔压会有所升高。回流罐逐渐积液。 塔压升高时,通过开大 PC102 的输出,改变塔顶冷凝器冷却水量和旁路量来控制塔压稳定。 当回流罐液位 LC103 升至 20%以上时,先开回流泵 GA412A/B 的入口阀 V19,启动泵,再开 出口阀 V17,启动回流泵。通过 FC104 的阀开度控制回流量,维持回流罐液位不超高,同时 逐渐关闭进料,全回流操作。

调整至正常:当各项操作指标趋近正常值时,打开进料阀 FIC101,逐步调整进料量 FIC101 至正常值。通过 TC101 调节再沸器加热量,使灵敏板温度 TC101 达到正常值。逐步调整回流 量 FC104 至正常值。开 FC103 和 FC102 出料,注意塔釜、回流罐液位。将各控制回路投自动, 各参数稳定并与工艺设计值吻合后,投产品采出串级。

2. 停车操作规程

降负荷:逐步关小 FIC101 调节阀,降低进料至正常进料量的 70%。在降负荷过程中,保 持灵敏板温度 TC101 的稳定性和塔压 PC102 的稳定,使精馏塔分离出合格产品。在降负荷过 程中,尽量通过 FC103 排出回流罐中的液体产品,至回流罐液位 LC104 在 20%左右。在降负 荷过程中,尽量通过 FC102 排出塔釜产品,使 LC101 降至 30%左右。

停进料和再沸器:在负荷降至正常的 70%,且产品已大部采出后,停进料和再沸器。关 FIC101 调节阀,停精馏塔进料。关 TC101 调节阀和 V13 或 V16 阀,停再沸器的加热蒸汽。 关 FC102 调节阀和 FC103 调节阀,停止产品采出。打开塔釜泄液阀 V10,排不合格产品,并 控制塔釜降低液位。手动打开 LC102 调节阀,对 FA-114 泄液。

停回流:停进料和再沸器后,回流罐中的液体全部通过回流泵打入塔,以降低塔内温度。 当回流罐液位降至 0 时,关 FC104 调节阀,关泵出口阀 V17(或 V18),停泵 GA412A(或 GA412B),关入口阀 V19(或 V20),停回流。开泄液阀 V10,排净塔内液体。

降压、降温:打开 PC101 调节阀,将塔压降至接近常压后,关 PC101 调节阀。全塔温度 降至 50 ℃左右时,关塔顶冷凝器的冷却水(PC102 的输出至 0)。

 思考与分析

1. 什么叫蒸馏?在化工生产中蒸馏用于分离什么样的混合物?蒸馏和精馏的关系是什么?

2. 精馏的主要设备有哪些?

3. 在本单元中,如果塔顶温度、压力都超过标准,有几种方法可以将系统调稳定?

4. 当系统在一较高负荷突然出现大的波动、不稳定时,为什么要将系统降到一低负荷的 稳态,再重新开到高负荷?

5. 根据本单元的实际,结合“化工原理”讲述的原理,说明回流比的作用。

6. 若精馏塔灵敏板温度过高或过低,则意味着分离效果如何?应通过改变哪些变量来调 节至正常?

7. 请分析本流程中如何通过分程控制来调节精馏塔正常操作压力。

拓展型训练

1. 热蒸气压力过高事故分析及处理

原因：热蒸气压力过高。

现象：加热蒸汽的流量增大，塔釜温度持续上升。

处理：适当减小 TC101 的阀门开度。

2. 热蒸气压力过低事故分析及处理

原因：热蒸气压力过低。

现象：加热蒸汽的流量减小，塔釜温度持续下降。

处理：适当增大 TC101 的开度。

3. 冷凝水中断事故分析及处理

原因：停冷凝水。

现象：塔顶温度上升，塔顶压力升高。

处理：（1）开回流罐放空阀 PC101 保压。

（2）手动关闭 FC101，停止进料。

（3）手动关闭 TC101，停加热蒸汽。

（4）手动关闭 FC103 和 FC102，停止产品采出。

（5）开塔釜排液阀 V10，排不合格产品。

（6）手动打开 LIC102，对 FA114 泄液。

（7）当回流罐液位为 0 时，关闭 FIC104。

（8）关闭回流泵出口阀 V17/V18。

（9）关闭回流泵 GA424A/GA424B。

（10）关闭回流泵入口阀 V19/V20。

（11）待塔釜液位为 0 时，关闭泄液阀 V10。

（12）待塔顶压力降为常压后，关闭冷凝器。

4. 停电事故分析及处理

原因：停电。

现象：回流泵 GA412A 停止，回流中断。

处理：（1）手动开回流罐放空阀 PC101 泄压。

（2）手动关进料阀 FIC101。

（3）手动关出料阀 FC102 和 FC103。

（4）手动关加热蒸汽阀 TC101。

（5）开塔釜排液阀 V10 和回流罐泄液阀 V23，排不合格产品。

（6）手动打开 LIC102，对 FA114 泄液。

（7）当回流罐液位为 0 时，关闭残液槽放室阀 V23。

（8）关闭回流泵出口阀 V17/V18。

（9）关闭回流泵 GA424A/GA424B。

（10）关闭回流泵入口阀 V19/V20。

（11）待塔釜液位为 0 时，关闭泄液阀 V10。

（12）待塔顶压力降为常压后，关闭冷凝器。

5. 回流泵故障事故分析及处理

原因：回流泵 GA-412A 坏。

现象：GA-412A 断电，回流中断，塔顶压力、温度上升。

处理：（1）开备用泵入口阀 V20。

（2）启动备用泵 GA412B。

（3）开备用泵出口阀 V18。

（4）关闭运行泵出口阀 V17。

（5）停运行泵 GA412A。

（6）关闭运行泵入口阀 V19。

6. 回流控制阀 FC104 阀卡事故分析及处理

原因：回流控制阀 FC104 阀卡。

现象：回流量减小，塔顶温度上升，压力增大。

处理：打开旁路阀 V14，保持回流。

模块七　干　燥

在日常生活中，洗衣粉、奶粉等吸收空气中的水分会结块变质；干炒的花生、瓜子，酥香的麻花、饼干等食品久置于空气中会丧失原来的口味……这都是由于水分过多。同样，在工业生产中的固体物料也或多或少地含有湿分，影响使用、运输、贮存等，所以需要除去物料、食品等含有的湿分。例如，陶瓷坯料在煅烧前进行干燥可以防止成品龟裂；秋收的粮食干燥到一定湿含量以下，可以防止霉变；药物和食品除去湿分，可以防止失效变质等。本模块主要介绍干燥的基本理论知识。

任务一　干燥概述

任务引入

在化工生产中干燥是常用的单元操作，干燥的作用、工作原理是什么？

任务分析

工业生产中的固体物料，总是或多或少地含有一些湿分（水或其他液体），为了便于加工、运输、贮存和使用，往往需要将其中的湿分除去，这种操作称为"去湿"，它广泛应用于化工、轻工、食品、医药中。干燥在日常生活、工业生产中都是必不可少的操作，因此了解干燥的基本原理及常用的干燥方法很有必要。

📖 **相 关 知 识**

一、干燥的原理

1. 定义

在化学工业中，常指借热能使物料中水分（或溶剂）汽化，并由惰性气体（或泵）带走所生成的蒸汽的过程。例如，干燥时，水分（或溶剂）从固体内部扩散到表面，再从固体表面汽化。干燥可分为自然干燥和人工干燥两种。

2. 干燥过程中的传热与传质

干燥过程中的传热方向是从气相到固相，推动力为气、固相间的温差；传质的方向是从固相到气相，推动力为气、固相间的水汽分压差。

3. 干燥过程进行的必要条件

（1）物料表面产生的水汽分压必须大于干燥介质水汽分压，两者压力差的大小表示汽化水分推动力的大小。

（2）干燥介质要及时地将汽化水汽带走，以保持一定的推动力。

二、干燥的分类

1. 按操作压力分类

（1）常压干燥

在常压下进行的干燥操作，多数物料的干燥采用常压干燥。

（2）真空干燥

该过程在真空条件下操作，可以降低湿分的沸点和物料的干燥温度，适用于处理热敏性、易氧化或产品要求含湿量很低的物料。

2. 按操作方式分类

（1）连续式干燥

湿物料从干燥设备中连续投入，干物料连续排出。该操作的特点是生产能力大，产品质量均匀，热效率高及劳动条件好。

（2）间歇式干燥

湿物料分批次加入干燥设备中，干燥完毕后卸出干物料，再加湿物料。该操作适用于小批量、多品种或要求干燥时间较长的物料的干燥。

3. 按供热方式分类

（1）介电加热干燥

将需要干燥的湿物料置于高频电场内，利用高频电场的交变作用加热物料使湿分汽化，从而达到干燥的目的。

（2）对流干燥

又称直接加热干燥，干燥介质将热能以对流的方式传给与其直接接触的湿物料，产生的蒸汽被干燥介质带走。

（3）传导干燥

又称间接加热干燥，加热蒸汽将热能通过传热壁以传导的方式加热湿物料，产生的蒸汽被干燥介质带走或用泵排出。这种干燥器的热能利用率高，但物料易过热变质。

（4）辐射干燥

辐射器产生的辐射能以电磁波的形式发射到湿物料表面，湿物料吸收辐射能转变为热能，将湿分汽化，从而达到干燥的目的。

三、物料的去湿方法

1. 机械去湿

利用压榨、过滤或离心分离的方法除去湿分的操作。该操作能耗低，但湿分去除不完全。

2. 吸附去湿

使用某种平衡水汽分压很低的干燥剂（如 $CaCl_2$、硅胶等）与湿物料并存，使湿物料中的水分被干燥剂吸附并带走。如食品包装中经常看到的干燥剂，实验室中用干燥剂保存干物料。该方法能耗几乎为零，能达到较为完全的去湿程度；但干燥剂成本高，且干燥速率慢。

3. 供热干燥

向物料提供热量使湿物料中的水分汽化。工业干燥操作多用热空气或其他高温气体为介质，使之掠过物料表面，介质向物料供热并带走汽化的湿分，此种干燥常称为对流干燥。此干燥操作能耗大，所以工业生产中湿物料含水较多，可先采用机械去湿，然后再进行供热干燥来制得合格的产品。

 思考与练习

1. 按操作方式分类，干燥可分为哪两种？
2. 干燥这一单元操作，有什么特点？
3. 什么是干燥操作？
4. 干燥的方法有哪些？
5. 干燥过程得以进行的条件有哪些？

任务二　干燥设备及其选择

 任务引入

在不同的条件下该如何选择干燥设备？让我们来学习常见干燥设备的结构和性能。

任务分析

干燥设备种类繁多，本任务主要列举了 3 种常见的干燥器，学习每种干燥器的结构、原理及使用性能。

 相关知识

一、常用的干燥器分类

1. 厢式干燥器

厢式干燥器主要由外壁为砖坯或包以绝热材料的钢板所构成的厢式干燥室和放在小车支架上的物料盘等组成（图 7-1）。厢式干燥器为间歇式干燥设备。图中长方形物料盘分层搁置在可以动的小车上，盘中物料层厚度一般为 10 ~ 100 mm。新鲜空气由风机 3 从进口 1 吸入干燥器，经预热器 5 预热后沿挡板 6 均匀地进入各挡板之间，在物料上方掠过而起干燥作用；部分废气由排出管 2 排出，剩余的循环使用，以提高热利用率。废气循环量可由进出口的蝶阀调节。

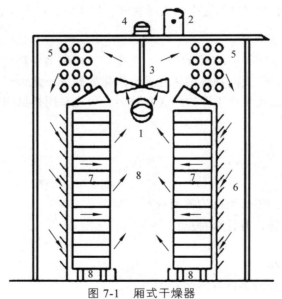

图 7-1　厢式干燥器

1—空气入口；2—空气出口；3—风机；4—电动机；
5—加热器；6—挡板；7—盘架；8—移动轮

厢式干燥器的优点是结构简单、制造容易、操作方便、适用范围广；由于物料在干燥过程中处于静止状态，特别适用于干燥易破碎的脆性物料。缺点是间歇操作、干燥时间长、干燥不均匀、人工卸料、劳动强度大。主要用于实验室和小规模生产。

2. 转筒干燥器

转筒干燥器主体是一个与水平面稍成倾角的钢制圆筒（图 7-2）。转筒外壁装有两个圆筒，整个转筒的重量通过两个滚圆由托轮支承。转筒由腰齿轮带动缓缓转动，转速一般为 1 ~ 8 r/min。

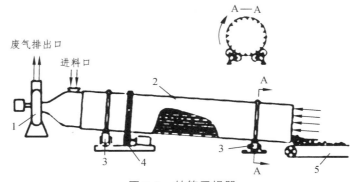

图 7-2 转筒干燥器

1—风机；2—转筒；3—支承托轮；4—传动齿轮；5—输送带

在转筒干燥器中，物料与介质的流向通常有并流和逆流。并流操作时，等速干燥阶段的干燥速率较快，干燥后的物料温度低，热能利用率高，适用于物料含水量较高时允许快速干燥，而干燥后物料不耐高温、吸湿性很小的物料干燥。经逆流干燥操作的物料，其含水量可以降到较低的数值，适用于在等速干燥阶段干燥速率不宜过快，而干燥后能耐高温的物料的干燥。

转筒干燥器的优点是生产能力大，气体阻力小，操作方便，操作弹性大，可用于干燥粒状和块状物料。其缺点是钢材耗用量大，设备笨重，基建费用高。主要用于干燥硝酸铵、硫酸铵、复合肥、碳酸钙、矿渣等物料。

3. 喷雾干燥器

喷雾干燥器是直接将含水量在 75% ~ 80% 及以上的溶液、悬浮液、浆状物料或熔融液干燥成固体产品的一种干燥设备。操作时，用高压将浆液以雾状的形式从喷嘴喷出，由于喷嘴随旋转着的十字管一起转动，雾状的液滴便均匀地分布于热空气中，空气经预热器预热后由干燥器上部引入，干燥后的废液经滤袋器回收其中的物料后由排气管排出，干燥产品从干燥器底部引出。喷雾干燥器的干燥时间很短，一般只有 3 ~ 5 s，适用于热敏性物料的干燥。

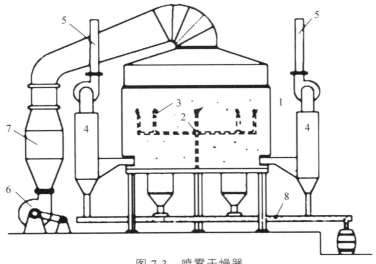

图 7-3 喷雾干燥器

1—干燥器主体；2—进料管；3—喷嘴；4—旋风分离器；5—引风口；6—给风机；7—加热器；8—传送带

喷雾干燥器的干燥过程进行得很快，能够直接从料浆得到产品，干燥过程中能避免粉尘飞扬，改善了劳动条件，操作稳定，容易实现连续化和自动化生产；其缺点是能耗大，热效率低。

二、选择干燥器的基本原则

由于工业生产中待干燥的物料种类繁多，对产品的质量要求又各有不同，因此选择合适的干燥器非常重要。若选择不当，将导致产品的质量达不到要求，或是热利用率低、动力消耗高，甚至设备不能正常运行。

选择干燥器时，要综合考虑以下几个问题。

1. 物料的性质

物料的热敏性决定了干燥过程中物料的温度上限，同时，物料承受温度的能力还与干燥时间的长短有关。其次，物料不同，达到干燥程度所需要的时间差异也很大，对于吸湿性物料或临界含水量很高的物料，应选择干燥时间长的干燥器；而对于干燥时间很短的干燥器如气流干燥器，仅适用于干燥临界含水量很低的易于干燥的物料。第三，物料的黏附性也影响到干燥器内物料的流动以及传热、传质的进行，所以了解物料由湿状态到干状态黏附性的变化，可以帮助选择适合的干燥器。

2. 操作方式

干燥器的操作方式分为间歇式和连续式两种。间歇式的干燥能力小，笨重，物料是静止的，不适用于现代大工业化的要求，只适用于干燥小批量、多品种的产品。连续干燥的生产能力较大，可以缩短干燥时间，提高产品质量，操作稳定，容易控制，适用于干燥大批量的物料，如气流干燥器。

3. 干燥产品的性质

选择干燥器时，首先要考虑产品的形态要求，如陶制品、饼干等食品，如果在干燥时失去了原有的形状，也就失去了它们的商品价值。其次，干燥食品、药品等不能承受污染的产品时，选择的干燥介质必须是纯净，或者采用间接加热蒸汽干燥。

4. 其他

干燥器的热效率是选择干燥器的重要经济指标，选择干燥器时，在满足干燥基本要求的条件下，尽可能选择热效率高的干燥器。其次，还要考虑对环境的影响。最后还要考虑劳动强度、设备的制造、操作、维修等。

✎ **思考与练习**

1. 试比较几种干燥器的特点，并总结它们适用的干燥场合。
2. 试列举几种其他干燥器，并简述其特点。

任务三 流化床干燥操作实训

训练目标

记忆：流化床干燥装置中的设备名称、流化床干燥工艺流程。

理解：固体流态化干燥原理。

运用：能根据已掌握的专业理论知识进行流化床干燥系统的操作（包括开车、运行、停车）。

训练准备

1. 主要实训器材（包括名称、型号、规格）

鼓风机：220 VAC，550 W，最大风量：95 m³/h；

电加热器：额定功率 2.0 kW；

干燥室：100 mm × 750 mm；

干燥物料：耐水硅胶。

2. 实训原理

固体流态化：在流化床反应器中，大量固体颗粒悬浮于运动的流体中，从而具有类似流体的某些宏观表观特征，这种流体与固体接触状态称为固体流态化。

流化床床层的压降差会随着干燥过程的进行而减小，直至保持稳定。本实训过程采用测量床层的压降差来测定干燥过程的失水量，从而判断物料的干燥程度。

实训操作步骤

（1）开机：打开仪表电源，开启风机、加热器，通风加热，调节加热器温度在 70 ~ 80 ℃，床层温度在 60 ~ 70 ℃；

（2）进料：将准备好的耐水硅胶加入流化床进行实验，每隔 4 min 左右观察并记录相关实验数据；

（3）稳定：待压降差恒定，通风量、床层温度等参数稳定时，即为实验终了；

（4）关机：关闭加热电源，待温度下降到 40 ℃ 左右，放出干燥物料，关闭风机、总电源。

（5）工艺流程图：如图 7-4 所示。

（6）实训数据记录填入表 7-1 中。

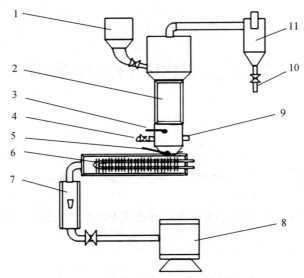

图 7-4　流化床干燥实验装置流程

1—加料斗；2—床层（可视部分）；3—床层测温点；4—取样口；5—出加热器热风测温点；6—风加热器；
7—转子流量计；8—风机；9—出风口；10—排灰口；11—旋风分离器

表 7-1　流化床干燥实训数据记录表

姓名：_____　班级：_____　操作装置号：_____

时 间	进风流量/（Nm³/h）	热风 T/℃	床层 T/℃	干燥室内压差/Pa

模块八 萃 取

与精馏相比，用萃取的方法分离液体混合物流程较为复杂，但是萃取过程本身具有常温操作、组分无相变及分离程度较高等优点，因而在很多场合具有技术、经济上的优势。一般来说，在下列情况下可以考虑采取萃取操作：

（1）分离沸点相近或有恒沸物的混合液。例如，工业上采用环丁砜从裂解汽油的重整油中萃取得到高纯度的芳烃，用脂类溶剂萃取乙酸，用丙烷萃取润滑油中的石蜡等。

（2）混合液中含热敏性物质，采用萃取方法可避免物料受热破坏。例如，生化工业用醋酸丁酯萃取含青霉素的发酵液得到青霉素浓溶液，香料工业用正丙醇从亚硫酸纸浆废水中提取香兰素等。

（3）混合液中溶质 A 的浓度很稀时。如用苯萃取工业含酚废水以及浸取液中铀化物的提取等。此时，若采用精馏的方法，必须将大量的 B 组分汽化，能耗较大。

任务一 萃取原理及操作流程

 任务引入

通过实验观察如何用四氯化碳（CCl_4）提纯溴水。

在分液漏斗中加入 25 mL 溴水，再加入 10 mL CCl_4，振荡数次后，将分液漏斗放在铁环上静置，待混合液体分层。这种分离方法是根据溴单质在 CCl_4 中的溶解度比在水中的溶解度大，CCl_4 不与水混溶，在溴水中加入 CCl_4 后，水中的溴就溶解在 CCl_4 中而分层，上层为水层，下层是含有溴的 CCl_4 层。这种分离方法就叫做萃取。

任务分析

萃取是分离均相液体混合物的单元操作之一，在化工生产中使用最多的是萃取精馏。本任务主要介绍利用萃取来分离均相液体混合物的原理及相关概念。

相关知识

一、萃取概述

萃取是利用液体混合物各组分在选定溶剂中溶解度的不同而进行分离的单元操作。萃取有两种分离方式：液-液萃取、固-液萃取（也叫浸取）。

萃取适用于相对挥发度 $\alpha=1$ 的液体混合物（或两相沸点接近），还适用于蒸馏热稳定性很差的物质，如从发酵液中提取青霉素、咖啡因。当混合液组分浓度很稀，且沸点较高时，用液-液萃取较为合适，如从醋酸水溶液中分离醋酸，从稀醋酸水溶液中制备无水醋酸。萃取操作如图 8-1 所示。

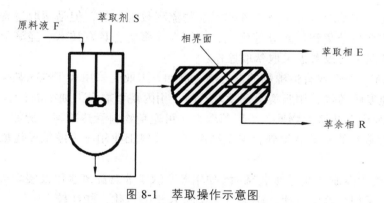

图 8-1　萃取操作示意图

二、液-液萃取原理

液-液萃取是分离液体混合物的重要单元操作之一，又称溶剂萃取，该方法是利用原料液中组分在适当溶剂中溶解度的差异而实现分离的单元操作（或在欲分离的液体混合物中加入一种与其不溶或部分互溶的溶剂，形成两相系统，利用混合液中各组分在两相中分配性的差异，易溶组分较多地进入溶剂相，从而实现混合液的分离）。可见，在液-液萃取中至少涉及三个组分。

如化工厂排出的污水中含大量苯酚，因为苯酚在苯中的溶解度大于在水中的溶解度，采用萃取方法回收苯酚时，选取苯作为萃取剂，这样，混合以后大量苯酚就会转入苯中。液-液萃取过程如图 8-2 所示：

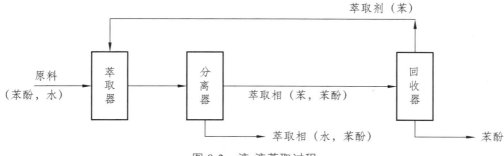

图 8-2 液-液萃取过程

液-液萃取流程中常用到的基本术语见表 8-1:

表 8-1 液-液萃取流程中常用的基本术语

名 称	符 号	含 义	示 例
原料液	F	被萃取的液体混合物	苯酚,水
溶 质	A	被萃取的组分	苯酚
原溶剂	B	也称稀释剂,原料液中的溶剂	水
萃取剂	S	用以萃取溶质所加入的溶剂	苯
萃取相	E	与萃取剂所形成的液层(上层)	苯层
萃余相	R	与原溶剂所形成的液层(下层)	水层
萃取液	E'	从萃取相中回收萃取剂之后的溶液	
萃余液	R'	从萃余相中回收萃取剂之后的溶液	

加入萃取剂后,因萃取剂对组分有较大的溶解能力而使被分离组分转入萃取剂中去,称为物理萃取。加入萃取剂后,若萃取剂对被分离组分有化合或络合作用而使被分离组分与原溶剂分离,称为化学萃取。

萃取操作全过程可包括:

(1)混合过程,即原料液和萃取剂充分混合接触,完成溶质传质过程;

(2)澄清过程,即萃取相和萃余相的分离过程;

(3)回收过程,从萃取相和萃余相中回收萃取剂的过程。通常用蒸馏方法回收,得到萃取液和萃余液。

二、萃取剂的选用原则

1. 萃取剂对溶质有较大溶解能力

常见的萃取剂和原料液的溶解情况有如图 8-3 所示三种。

这三种情况中,第①种是最理想的,这在萃取分离金属元素时应用较多,但极少遇到;第②种情况是实际应用中常遇到的,在萃取分离有机化合物时普遍采用;第③种情况萃取剂分离溶液的纯度很低,萃取操作困难,实际应用不多。

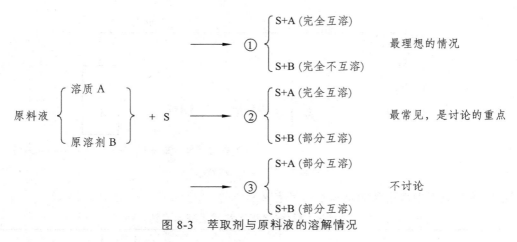

图 8-3   萃取剂与原料液的溶解情况

2. 萃取剂回收的难易与经济性

萃取后的 E 相和 R 相，通常以蒸馏方法进行分离。萃取剂回收的难易程度直接影响萃取操作的费用，在很大程度上决定了萃取过程的经济性。

3. 萃取剂的其他性能

为使 E 相和 R 相能较快地分层，以快速分离，要求萃取剂与被分离混合物有较大的密度差。两液相间的界面张力（即表面张力）对分离效果有重要影响。物质界面张力较大，分散的相液滴易聚结，有利于分层；但若界面张力过大，液体不易分散，互相接触不良，分离效果就差；若界面张力过小，则易产生乳化现象，使两相难以分层。所以界面张力要适中。

此外，选择萃取剂时还要考虑一些其他因素，如黏度低，有凝固点（物质从液态转变为固态的过程中，冷却到一定温度时开始凝固，但温度保持不变，就是有凝固点），具有化学稳定性和热稳定性，对设备腐蚀性小，来源充分，价格较低等。

四、液-液萃取操作流程

根据原料液与萃取剂的接触方式，萃取操作流程可分为单级液-液萃取流程、多级错流液-液萃取流程、多级逆流液-液萃取流程和带回流的逆流液-液萃取流程等。

1. 单级萃取

单级萃取即只有一个萃取器，常见流程如图 8-4 所示。

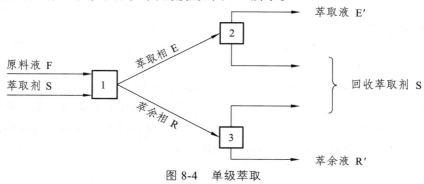

图 8-4   单级萃取

2. 多级错流萃取

为进一步降低萃余相中的溶质浓度，可在上述单级萃取获得的萃余相中再次加入新鲜溶剂进行萃取，如此多次操作即为多级错流萃取，如图 8-5 所示。

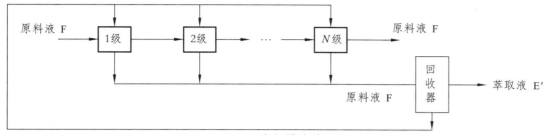

图 8-5　多级错流萃取

3. 多级逆流接触萃取

多级逆流接触萃取操作一般是连续的，其分离效率高，溶剂用量少，工业上广泛应用，如图 8-6 所示。

图 8-6　多级逆流接触萃取

4. 微分接触逆流萃取

在不少塔式设备中，萃取相与萃余相呈逆流微分接触，两相中的溶质浓度沿塔高连续变化，这种操作称为微分接触逆流萃取。

5. 带回流逆流萃取

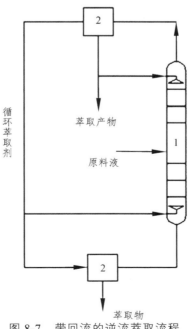

图 8-7　带回流的逆流萃取流程

1—萃取塔；2—萃取剂回收器

在逆流萃取操作中，最终萃取相中溶质的最高组成是与进料组成相平衡的。为了得到更高组成的萃取相，可仿照精馏中采用的回流方法，使最终萃取相脱除萃取剂后的萃取液部分返回塔内回流，这种操作称为回流萃取，流程如图 8-7 所示。

思考与练习

1. 液-液萃取操作的基本原理是什么？
2. 萃取也是液-液分离的一种单元操作，和精馏相比有何差异？
3. 分离气体混合物除了采用吸收方法外，能不能使用萃取操作？为什么？

任务二　液-液萃取操作实训

训练目标

记忆：萃取装置中的设备名称、结构和特点；
理解：萃取操作过程中异常现象产生的原因，掌握防止发生异常现象的操作；
运用：能根据已掌握的专业理论知识进行萃取的基本操作（包括开车、运行、停车）。

训练准备

了解萃取实训原理：本实训以往复振动筛板萃取塔为主萃取设备，以水为萃取剂分离煤油混合物。其中水相为萃取相（又称连续相、重相），从筛板塔的顶部进入；煤油相为萃余相（又称分散相），从筛板塔的底部进入。最终得到的萃余相从塔的顶部排出，萃取相从塔底排出。

实训操作步骤

一、萃取塔的开车操作

（1）萃取塔开车时，应将连续相（水）注满塔中，液面在重相入口高度处为宜，关闭重相进口阀；
（2）开启分散相（煤油）进口阀门，使分散相不断在塔顶分层段内凝聚；
（3）当两相界面维持在重相入口与轻相出口之间时，再开启分散相出口阀和连续相进口阀。

二、正常操作

（1）通过调节振动电压来调节振动频率，振动电压可分别取 30 V、60 V、90 V、120 V。

（2）分别取样分析萃取塔的分离效率。

维持正常操作的注意事项如下：

① 必须搞清楚装置上每个设备、部件、阀门、开关的作用和使用方法，然后再进入实验操作。

② 防止液泛

萃取塔运行中若操作不当，会发生一液相被另一液相"推出"设备的情况，或者还会发生分散相液滴凝聚成一段液柱并把连续相隔断的现象，这种现象称为"液泛"。刚开始发生液泛的点称为液泛点，这时两液相的流速为液泛流速。液泛是萃取塔操作时容易发生的一种不正常现象。

液泛的产生不仅与两流体的物理性能（如黏度、密度、表面张力等）有关，而且与塔的类型、内部结构有关。对一特定的萃取塔操作时，当两流体选定后，液泛的产生是由流速（流量）或振动、脉冲频率和幅度的变化引起的——流速过大或振动频率过快容易造成液泛。

③ 减小轴向混合

通常把导致两相流动的非理想情况及使两相在萃取设备内停留和偏离活塞流动的现象，统称为轴向（或纵向）混合，一般认为包含返混和前混等各种现象。

在萃取塔中，连续相和混合相都存在轴向混合的现象，对于具有外界输入能量的萃取塔，振动、脉冲频率或振幅的增大，往往使轴向混合进一步加剧，导致萃取效率降低。

由于液-液萃取过程通常有两相密度差小、黏度和界面张力大等特点，因此轴向混合过程的不利影响较精馏和吸收过程更为突出。对于大型的工业萃取塔，有时多达 50%～60%的塔高是用来补偿轴向混合的。

④ 维持两相界面高度的稳定

在萃取塔中参与萃取的两液相的相对密度差不大，因而在塔内分层段，两相的界面容易上下移动。当相界面不断上移时，要降低升降管或增加连续相的出口流量，使两相界面下降到规定高度；反之，当相界面不断下移时，要升高升降管或减小连续相的出口流量。

三、萃取塔的停车操作

此流程中，煤油是轻相而且是分散相，其停车操作步骤为：

（1）关闭重相的进、出口阀门。

（2）关闭轻相的进口阀门，使两相在塔内静止分层后，慢慢打开重相的进口阀，让轻相流出。

（3）当两相界面上升至轻相全部从塔顶排出时，关闭重相进口阀，使重相全部从塔底排出。

四、重相是分散相的开停车步骤

1. 开车

当重相为分散相时，分散相在塔底的分层段内不断凝聚，两相界面将维持在塔底分层段的某一位置上。同理，在两相界面维持一定高度后，才能开启分散相出口阀。

2. 停车

重相是分散相的，先关闭重相的进、出口阀，再关闭轻相的进、出口阀，使两相在塔内静止分层后，打开塔顶旁通阀，接通大气，然后慢慢打开重相出口阀，让重相流出。当两相界面下移至塔底旁通阀高度处时，关闭重相出口阀，打开旁通阀，使轻相流出。

● 工艺流程图

液-液萃取流程如图 8-8 所示，往复振动筛板萃取塔的结构特点是将多层筛板按一定的板间距固定在中心轴上，塔内无溢流装置，塔板不与塔体相连。中心轴由装在塔顶的传动机械驱动，进行往复运动，振幅一般为 3 ~ 50 mm，往复速度可达 100 次/min。当筛板向上运动时，筛板上侧的液体经筛孔向下喷射；当筛板向下运动时，筛板下侧的液体经筛孔向上喷射。由于往复振动筛板萃取塔主要受机械搅拌作用，可大幅度增加相际接触面积及湍动程度，为防止液体沿筛板与塔壁间的缝隙短路流过，在塔内每隔几块筛板放置一块环形挡板。

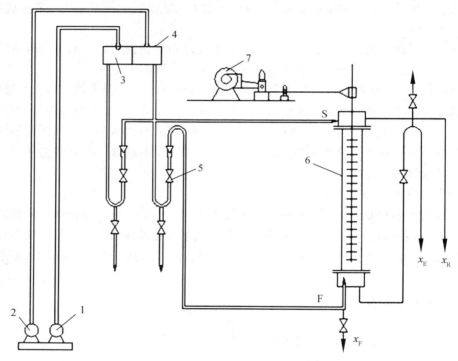

图 8-8   液-液萃取流程图

1—水泵；2—油泵；3—水槽；4—煤油贮槽；5—传质流量计；6—振动筛板塔；7—振动泵

参考文献

[1] 刘爱民，陆小荣. 化工单元操作实训[M]. 北京：化学工业出版社，2002.

[2] 何灏彦，禹练英，谭平. 化工单元操作[M]. 北京：化学工业出版社，2010.

[3] 张宏丽，刘兵，闫志谦，等. 化工单元操作[M]. 北京：化学工业出版社，2011.

[4] 郑孝英，韩文爱. 化工单元操作[M]. 北京：科学出版社，2010.

[5] 杨祖容. 化工原理[M]. 2 版. 北京：高等教育出版社，2014.

[6] 何志成. 化工原理[M]. 3 版. 北京：中国医药科技出版社，2015.

[7] 人力资源和社会保障部教材办公室. 化工单元操作[M]. 北京：中国劳动社会保障出版社，2010.

[8] 陈敏恒. 化工原理（上）[M]. 2 版. 北京：化学工业出版社，1999.

[9] 谢萍华，徐明仙. 化工单元操作与实训[M]. 杭州：浙江大学出版社，2012.

[10] 王志魁. 化工原理[M]. 2 版. 北京：化学工业出版社，1998.

[11] 张浩勤，陆美娟. 化工原理（下册）[M]. 2 版. 北京：化学工业出版社，2011.

[12] 崔世玉. 化工单元操作[M]. 北京：化学工业出版社，2011.

[13] 候丽新. 化工生产单元操作[M]. 北京：化学工业出版社，2009.

[14] 徐宏. 化工生产仿真实训[M]. 北京：化学工业出版社，2010.

附　录

一、某些气体的重要物理性质

名称	分子式	密度（0 ℃，101.3 kPa）/（kg/m³）	比热容/[kJ/(kg·℃)]	黏度 $\mu\times10^5$ /Pa·s	沸点（101.3 kPa）/℃	汽化热（kJ/kg）	临界点 温度/℃	临界点 压力/kPa	热导率/[W/(m·℃)]
空气		1.293	1.009	1.73	−195	197	−140.7	3768.4	0.0244
氧	O_2	1.429	0.653	2.03	−132.98	213	−118.82	5036.6	0.0240
氮	N_2	1.251	0.745	1.7	−195.78	199.2	−147.13	3392.5	0.0228
氢	H_2	0.0899	10.13	0.842	−252.75	454.2	−239.9	1296.6	0.163
氦	He	0.1785	3.18	1.88	−268.95	19.5	−267.96	228.94	0.144
氩	Ar	1.7820	0.322	2.09	−185.87	163	−122.44	4862.4	0.0173
氯	Cl_2	3.217	0.355	1.29（16 ℃）	−33.8	305	+144.0	7708.9	0.0072
氨	NH_3	0.771	0.67	0.918	−33.4	1373	+132.4	11295.0	0.0215
一氧化碳	CO	1.250	0.754	1.66	−191.48	211	−140.2	3497.9	0.0226
二氧化碳	CO_2	1.976	0.653	1.37	−78.2	574	+31.1	7384.8	0.0137
硫化氢	H_2S	1.539	0.804	1.166	−60.2	548	+100.4	19136.0	0.0131
甲烷	CH_4	0.717	1.70	1.03	−161.58	511	−82.15	4619.3	0.0300
乙烷	C_2H_6	1.357	1.44	0.850	−88.5	486	+32.1	4948.5	0.0180
丙烷	C_3H_8	2.020	1.65	0.795（18 ℃）	−42.1	427	+95.6	435.0	0.0148
正丁烷	C_4H_{10}	2.673	1.73	0.810	−0.5	386	+152.0	3798.8	0.0135
正戊烷	C_5H_{12}		1.57	0.874	−36.08	151	197.1	3342.9	0.0128
乙烯	C_2H_4	1.261	1.222	0.935	+103.7	481	+9.7	5135.9	0.0164
丙烯	C_3H_6	1.914	2.436	0.835（20 ℃）	−47.7	440	+91.4	4599.0	
乙炔	C_2H_2	1.171	1.352	0.935	−83.66（升华）	829	+35.7	6240.0	0.0184
氯甲烷	CH_3Cl	2.303	0.582	0.989	−24.1	406	+148.0		0.0085
苯	C_6H_6		1.139	0.72	+80.2	394	+288.5		0.0088
二氧化硫	SO_2	2.927	0.502	1.17	−10.8	394	+157.5		0.0077
二氧化氮	NO_2		0.315		+21.2	712	+158.2		0.04

二、某些液体的重要物理性质

名称	分子式	密度（20 ℃）/（kg/m³）	沸点（101.3 kPa）/℃	汽化热/（kJ/kg）	比热容/[kJ/(kg·℃)]	黏度 $\mu \times 105$/Pa·s	导热率/[W/(m·℃)]	体积膨胀系数（20 ℃）$\beta \times 10^4/℃^{-1}$	表面张力（20 ℃）$\sigma \times 10^3$/（N/m）
水	H_2O	998	100	2258	4.183	1.005	0.559	1.82	72.8
氯化钠盐水（25%）		1186	107		3.39	2.3	0.57（30 ℃）	4.4	
氯化钙盐水（25%）		1228	107		2.89	2.5	0.57	3.4	
硫酸	H_2SO_4	1831	340（分解）		1.47（98%）		0.38	5.7	
硝酸	HNO_3	1513	86	481.1		1.17（10 ℃）			
盐酸（30%）	HCl	1149			2.25	2（31.5%）	0.42		
二硫化碳	CS_2	1262	46.3	352	1.005	0.38	0.16	12.1	32.0
戊烷	C_5H_{12}	626	36.07	357.4	2.24（15.6 ℃）	0.229	0.113	15.9	16.2
己烷	C_6H_{14}	659	68.74	335.1	2.31（15.6 ℃）	0.313	0.119		18.2
庚烷	C_7H_{16}	684	98.43	316.5	2.21（15.6 ℃）	0.411	0.123		20.1
辛烷	C_8H_{18}	763	125.67	306.4	2.19（15.6 ℃）	0.540	0.131		21.3
三氯甲烷	$CHCl_3$	1489	61.2	253.7	0.992	0.58	0.138（30 ℃）	12.6	28.5（10 ℃）
四氯甲烷	CCl_4	1594	76.8	195	0.850	1.0	0.12		26.8
1,2-二氯乙烷	$C_2H_4Cl_2$	1253	83.6	324	1.260	0.83	0.14（60 ℃）		30.8
苯	C_6H_6	879	80.10	393.9	1.704	0.737	0.148	12.4	28.6
甲苯	C_7H_8	867	110.63	363	1.70	0.675	0.138	10.9	27.9
邻二甲苯	C_8H_{10}	880	144.42	347	1.74	0.811	0.142		30.2
间二甲苯	C_8H_{10}	864	139.10	343	1.70	0.611	0.167	10.1	29.0
对二甲苯	C_8H_{10}	861	138.35	340	1.704	0.643	0.129		28.0
苯乙烯	C_8H_9	911（15.6 ℃）	145.2	352	7.733	0.72			
氯苯	C_6H_5Cl	1106	131.8	325	1.298	0.85	1.14		32
硝基苯	$C_6H_5NO_2$	1203	210.9	396	1.47	2.1	0.15		41
苯胺	$C_6H_5NH_2$	1022	184.4	448	2.07	4.3	0.17	8.5	42.9
酚	C_6H_5OH	1050	181.8（熔点40.9 ℃）	511		3.4			

名称	分子式	密度（20 ℃）/（kg/m³）	沸点（101.3 kPa）/℃	汽化热/（kJ/kg）	比热容/[kJ/(kg·℃)]	黏度 $\mu \times 10^5$ /Pa·s	导热率 /[W/(m·℃)]	体积膨胀系数（20 ℃）$\beta \times 10^4$/℃$^{-1}$	表面张力（20 ℃）$\sigma \times 10^3$/（N/m）
萘	$C_{10}H_8$	1145（固体）	217.9（熔点80.2 ℃）	314	1.80（100 ℃）	0.59（100 ℃）			
甲醇	CH_3OH	791	64.7	1101	2.48	0.6	0.212	12.2	22.6
乙醇	C_2H_5OH	789	78.3	846	2.39	1.15	0.172	11.6	22.8
乙醇（95%）		804	78.2		1.4		5.3		
乙二醇	$C_2H_4(OH)_2$	1113	197.6	780	2.35	23		16.3	47.7
甘油	$C_3H_5(OH)_3$	1261	290（分解）			1499	0.59		63
乙醚	$(C_2H_5)_2O$	714	34.6	360	2.34	0.24	0.14		8
乙醛	CH_3CHO	783	20.2（18 ℃）	574	1.9	1.3（18 ℃）			21.2
糠醛	$C_5H_4O_2$	1168	161.7	452	1.6	1.15（50 ℃）			43.5
丙酮	CH_3COCH_3	792	56.2	523	2.35	0.32	0.17		23.7
甲酸	$HCOOH$	1220	100.7	494	2.17	1.9	0.26		27.8
乙酸	CH_3COOH	1049	118.1	406	1.99	1.3	0.17	10.7	23.9
乙酸乙酯	$CH_3COOC_2H_5$	901	77.1	368	1.92	0.48	0.14（10 ℃）		
煤油		780~820				3	0.15	10.0	
汽油		680~800				0.7~0.8	0.19（30 ℃）	12.5	

三、干空气的物理性质（101.33 kPa）

温度 t/℃	密度 ρ/（kg/m³）	比热容 C_p /[kJ/(kg·℃)]	导热率 $k \times 10^2$ /[W/(m·℃)]	黏度 $\mu \times 10^5$ /Pa·s	普兰德数 Pr
−50	1.584	1.013	2.035	1.46	0.728
−40	1.515	1.013	2.117	1.52	0.728
−30	1.453	1.013	2.198	1.57	0.723
−20	1.395	1.009	2.279	1.62	0.716
−10	1.342	1.009	2.36	1.67	0.712
0	1.293	1.005	2.442	1.72	0.707
10	1.247	1.005	2.512	1.77	0.705
20	1.205	1.005	2.593	1.81	0.703
30	1.165	1.005	2.675	1.86	0.70
40	1.128	1.005	2.756	1.91	0.699
50	1.093	1.005	2.826	1.96	0.698
60	1.06	1.005	2.896	2.01	0.696
70	1.029	1.009	2.966	2.06	0.694
80	1.000	1.009	3.047	2.11	0.692

温度 t/°C	密度 ρ/（kg/m³）	比热容 C_p /[kJ/(kg·°C)]	导热率 $k \times 10^2$ /[W/(m·°C)]	黏度 $\mu \times 10^5$ /Pa·s	普兰德数 Pr
90	0.972	1.009	3.128	2.15	0.69
100	0.946	1.009	3.21	2.19	0.688
120	0.898	1.009	3.338	2.29	0.686
140	0.854	1.013	3.489	2.37	0.684
160	0.815	1.017	3.64	2.45	0.682
180	0.779	1.022	3.78	2.53	0.681
200	0.746	1.026	3.931	2.6	0.68
250	0.674	1.038	4.288	2.74	0.677
300	0.615	1.048	4.605	2.97	0.674
350	0.566	1.059	4.908	3.14	0.676
400	0.524	1.068	5.21	3.31	0.678
500	0.456	1.093	5.745	3.62	0.687
600	0.404	1.114	6.222	3.91	0.699
700	0.362	1.135	6.711	4.18	0.706
800	0.329	1.156	7.176	4.43	0.713
900	0.301	1.172	7.63	4.67	0.717
1000	0.277	1.185	8.041	4.9	0.719
1100	0.257	1.197	8.502	5.12	0.722
1200	0.239	1.206	9.153	5.35	0.724

四、水的物理性质

温度 /°C	饱和蒸气压/kPa	密度 /（kg/m³）	焓 /（kJ/kg）	比热容/ [kJ/(kg·°C)]	导热率 $k \times 10^2$/ [W/(m·°C)]	黏度 $\mu \times 10^5$ /Pa·s	体积膨胀系数 $\beta \times 10^4$ /°C^{-1}	表面张力 $\sigma \times 10^5$/ （N/m）	普兰德数 Pr
0	0.6082	999.9	0	4.212	55.13	179.21	-0.63	75.6	13.66
10	1.2262	999.7	42.04	4.191	57.45	130.77	0.7	74.1	9.52
20	2.3346	998.2	83.9	4.183	59.89	100.5	1.82	72.6	7.01
30	4.2474	995.7	125.69	4.174	61.76	80.07	3.21	71.2	5.42
40	7.3766	992.2	167.51	4.174	63.38	65.6	3.87	69.6	4.32
50	12.34	988.1	209.3	4.174	64.78	54.94	4.49	67.7	3.54
60	19.923	983.2	251.12	4.178	65.94	46.88	5.11	66.2	2.98
70	31.164	977.8	292.99	4.187	66.76	40.61	5.7	64.3	2.54
80	47.379	971.8	334.94	4.195	67.45	35.65	6.32	62.6	2.22
90	70.136	965.3	376.98	4.208	68.04	31.65	6.95	60.7	1.96
100	101.33	958.4	419.1	4.22	68.27	28.38	7.52	58.8	1.76
110	143.31	951	461.34	4.238	68.5	25.89	8.08	56.9	1.61
120	198.64	943.1	503.67	4.26	68.62	23.73	8.64	54.8	1.47
130	270.25	934.8	546.38	4.266	68.62	21.77	9.17	52.8	1.36
140	361.47	926.1	589.08	4.287	68.5	20.1	9.72	50.7	1.26
150	476.24	917	632.2	4.312	68.38	18.63	10.3	48.6	1.18

续表

温度/°C	饱和蒸气压/kPa	密度/(kg/m³)	焓/(kJ/kg)	比热容/[kJ/(kg·°C)]	导热率 $k \times 10^2$/[W/(m·°C)]	黏度 $\mu \times 10^5$/Pa·s	体积膨胀系数 $\beta \times 10^4$/°C^{-1}	表面张力 $\sigma \times 10^5$/(N/m)	普兰德数 Pr
160	618.28	907.4	675.33	4.346	68.27	17.36	10.7	46.6	1.11
170	792.59	897.3	719.29	4.379	67.92	16.28	11.3	45.3	1.05
180	1003.5	886.9	763.25	4.417	67.45	15.3	11.9	42.3	1.00
190	1255.6	876	807.63	4.46	66.99	14.42	12.6	40.0	0.96
200	1554.77	863	852.43	4.505	66.29	13.63	13.3	37.7	0.93
210	1917.72	852.8	897.65	4.555	65.48	13.04	14.1	35.4	0.91
220	2320.88	840.3	943.7	4.614	64.55	12.46	14.8	33.1	0.89
230	2798.59	827.3	990.18	4.681	63.73	11.97	15.9	31	0.88
240	3347.91	813.6	1037.49	4.756	62.8	11.47	16.8	28.5	0.87
250	3977.67	799	1085.64	4.844	61.76	10.98	18.1	26.2	0.86
260	4693.75	784	1135.04	4.949	60.48	10.59	19.7	23.8	0.87
270	5503.99	767.9	1185.28	5.07	59.96	10.2	21.6	21.5	0.88
280	6417.24	750.7	1236.28	5.229	57.45	9.81	23.7	19.1	0.89
290	7443.29	732.3	1289.95	5.485	55.82	9.42	26.2	16.9	0.93
300	8592.94	712.5	1344.8	5.736	53.96	9.12	29.2	14.4	0.97
310	9877.6	691.1	1402.16	6.071	52.34	8.83	32.9	12.1	1.02
320	11300.3	667.1	1462.03	6.573	50.59	8.3	38.2	9.81	1.11
330	12879.6	640.2	1526.149	7.243	48.73	8.14	43.3	7.67	1.22
340	14615.8	610.1	1594.75	8.164	45.71	7.75	53.4	5.67	1.38
350	16538.5	574.4	1671.37	9.504	43.03	7.26	66.8	3.81	1.6
360	18667.1	528	1761.39	13.984	39.54	6.67	109	2.02	2.36
370	21040.9	450.5	1892.43	40.319	33.73	5.69	264	0.471	6.8

五、常用固体材料的密度和比热容

名称	密度/(kg/m³)	质量热容/[kJ/(kg·°C)]	名称	密度/(kg/m³)	质量热容/[kJ/(kg·°C)]
钢	7850	0.4605	高压	920	2.219
不锈钢	7900	0.5024	干砂	1500~1700	0.7955
铸铁	7220	0.5024	黏土	1600~1800	0.7536（-20~20 °C）
铜	8800	0.4062	黏土砖	1600~1900	0.9211
青铜	8000	0.3810	耐火砖	1840	0.8792~1.0048
黄铜	8600	0.3768	混凝土	2000~2400	0.8374
铝	2670	0.9211	松木	500~600	2.7214（0~100 °C）
镍	9000	0.4605	软木	100~300	0.963
铅	11400	0.1298	石棉板	770	0.8164
酚醛	1250~1300	1.2560~1.6747	玻璃	2500	0.6699
脲醛	1400~1500	1.2560~1.6747	耐酸砖和板	2100~2400	0.7536~0.7955
聚氯乙烯	1380~1400	1.8422	耐酸搪瓷	2300~2700	0.8374~1.2560
聚苯乙烯	1050~1070	1.3398	有机玻璃	1180~1190	
低压聚氯乙烯	940	2.5539	多孔绝热砖	600~1400	

六、饱和水蒸气（以温度为基准）

温度/°C	压力/kPa	蒸汽的密度 / (kg/m³)	液体的焓 / (kJ/kg)	蒸汽的焓 / (kJ/kg)	汽化热 / (kJ/kg)
0	0.6082	0.00484	0.00	2491.1	2491.1
5	0.8730	0.00680	20.94	2500.8	2479.9
10	1.2262	0.00940	47.87	2510.4	2468.5
15	1.7068	0.01283	62.80	2520.5	2457.7
20	2.3346	0.01719	83.74	2530.1	2446.4
25	3.1684	0.02304	104.67	2539.7	2435.0
30	4.2474	0.03036	125.60	2549.3	2423.7
35	5.6207	0.03960	146.54	2559.0	2412.5
40	7.3766	0.05114	167.47	2568.6	2401.1
45	9.5837	0.06543	188.41	2577.8	2389.4
50	12.3400	0.08300	209.34	2587.4	2378.1
55	15.7430	0.10430	230.27	2596.7	2366.4
60	19.9230	0.13010	251.21	2606.3	2355.1
65	25.0140	0.16110	272.14	2615.5	2343.4
70	31.1640	0.19790	293.08	2624.3	2331.2
75	38.5510	0.24160	314.01	2633.5	2319.5
80	47.3790	0.29290	334.94	2642.3	2307.4
85	57.8750	0.35310	355.88	2651.1	2295.2
90	70.1360	0.42290	376.81	2659.9	2283.1
95	84.5560	0.50390	397.75	2668.7	2271.0
100	101.3300	0.59700	418.68	2677.0	2258.3
105	120.8500	0.70360	440.03	2685.0	2245.0
110	143.3100	0.82540	460.97	2693.4	2232.4
115	169.1100	0.96350	482.32	2701.3	2219.0
120	198.6400	1.11990	503.67	2708.9	2205.2
125	232.1900	1.29600	525.02	2716.4	2191.4
130	270.2500	1.49400	546.38	2723.9	2177.5
135	313.1100	1.71500	567.73	2731.0	2163.3
140	361.4700	1.96200	589.08	27377	2148.6
145	415.7200	2.23800	610.85	2744.4	2133.6
150	476.2400	2.54300	632.21	2750.7	2118.5
160	618.2800	3.25200	675.75	2762.9	2087.2
170	792.5900	4.11300	719.29	2773.3	2054.0
180	1003.5000	5.14500	763.25	2782.5	2019.3
190	1255.6000	6.37800	807.64	2790.1	1982.5
200	1554.7700	7.84000	852.01	2795.5	1943.5
210	1917.7200	9.56700	897.23	2799.3	1902.1
220	2320.8800	11.60000	942.45	2801.1	1858.7
230	2798.5900	13.98000	988.50	2800.1	1811.6
240	3347.9100	16.76000	1034.56	2796.8	1762.2

温度/℃	压力/kPa	蒸汽的密度/（kg/m³）	液体的焓/（kJ/kg）	蒸汽的焓/（kJ/kg）	汽化热/（kJ/kg）
250	3977.6700	20.01000	1081.45	2790.1	1708.7
260	4693.7500	23.82000	1128.76	2780.9	1652.1
270	5503.9900	28.27000	1176.91	2768.3	1591.4
280	6417.2400	33.47000	1225.48	2752.0	1526.5
290	7443.2900	39.60000	1274.46	2732.3	1457.8
300	8592.9400	46.93000	1325.54	2708.0	1382.5
310	9877.9600	55.59000	1378.71	2680.0	1301.3
320	11300.3000	65.95000	1436.07	2648.2	1212.1
330	12879.6000	78.53000	1446.78	2610.5	1163.7
340	14615.8000	93.98000	1562.93	2568.6	1005.7
350	16538.5000	113.20000	1636.20	2516.7	880.5
360	18667.1000	139.60000	1729.15	2442.6	713.0
370	21040.9000	171.00000	1888.25	2301.9	411.1
374	22070.9000	322.60000	2098.00	2098.0	0.0

七、饱和水蒸气（以压力为基准）

绝对压力/kPa	温度/℃	蒸汽的密度/（kg/m³）	焓/（kJ/kg） 液体	焓/（kJ/kg） 蒸汽	汽化热/（kJ/kg）
1	6.3	0.00773	26.48	2503.1	2476.8
1.5	12.5	0.01133	52.26	2515.3	2463.0
2	17	0.01486	71.21	2524.2	2452.9
2.5	20.9	0.01836	87.45	2531.8	2444.3
3	23.5	0.02179	98.38	2536.8	2438.4
3.5	26.1	0.02523	1090.	2541.8	2432.5
4	28.7	0.02867	120.23	2546.8	2426.6
4.5	30.8	0.03205	129.00	2550.9	2421.9
5	32.4	0.03537	135.69	2554.0	2418.3
6	35.6	0.04200	149.06	2560.1	2411.0
7	38.8	0.04864	162.44	2566.3	2403.8
8	41.3	0.05514	182.73	2571.0	2398.2
9	43.3	0.06156	181.16	2574.8	2393.6
10	45.3	0.06798	189.59	2578.5	2388.9
15	53.5	0.09956	224.03	2594.0	2370.0
20	60.1	0.13068	251.51	2606.4	2854.9
30	66.5	0.19093	288.77	2622.4	2333.7
40	750	0.24975	315.93	2634.1	2312.2
50	81.2	0.30799	339.8	2644.3	2304.5
60	85.6	0.36514	358.21	2652.1	2393.9
70	89.9	0.42229	376.61	2659.8	2283.2
80	93.2	0.47807	390.08	2665.3	2275.3

绝对压力/kPa	温度/°C	蒸汽的密度/（kg/m³）	焓/（kJ/kg）		汽化热/（kJ/kg）
			液体	蒸汽	
90	96.4	0.53384	403.49	2670.8	2267.4
100	99.6	0.58961	416.9	2676.3	2259.5
120	104.5	0.69868	437.51	2684.3	2246.8
140	109.2	0.80758	457.67	2692.1	2234.4
160	113	0.82981	473.88	2698.1	2224.2
180	116.6	1.0209	489.32	2703.7	2214.3
200	120.2	1.1273	493.71	2709.2	2204.6
250	127.2	1.3904	534.39	2719.7	2185.4
300	133.3	1.6501	560.38	2728.5	2168.1
350	138.8	1.9074	583.76	2736.1	2152.3
400	143.4	2.1618	603.61	2742.1	2138.5
450	147.7	2.4152	622.42	2747.8	2125.4
500	151.7	2.6673	639.59	2752.8	2113.2
600	158.7	3.1686	670.22	2761.4	2091.1
700	164.7	3.6657	696.27	2767.8	2071.5
800	170.4	4.1614	720.96	2773.7	205827
900	175.1	4.6525	741.82	2778.1	20362
1.0×10^3	179.9	5.1432	762.68	2782.5	20197
1.1×10^3	180.2	5.6339	780.34	2785.5	20051
1.2×10^3	187.8	6.1241	797.92	2788.5	19906
1.3×10^3	191.5	6.6141	814.25	2790.9	19767
1.4×10^3	194.8	7.1038	829.06	2792.4	19637
1.5×10^3	198.2	7.5935	843.86	2794.5	19507
1.6×10^3	201.3	8.0814	857.77	2796.0	19382
1.7×10^3	204.1	8.5674	870.58	2797.1	19265
1.8×10^3	206.9	9.0533	883.39	2798.1	19148
1.9×10^3	209.8	9.5392	896.21	2799.2	19030
2×10^3	212.2	10.0338	907.32	2799.7	18924
3×10^3	233.7	15.0075	1005.4	2798.9	17935
4×10^3	250.3	20.0969	1082.9	2789.8	17068
5×10^3	263.8	25.3663	1146.9	2776.2	16292
6×10^3	275.4	30.8494	1203.2	2759.5	15563
7×10^3	285.7	36.5744	1253.2	2740.8	14876
8×10^3	294.8	42.5768	1299.2	2720.5	14037
9×10^3	303.2	48.8945	1343.5	2699.1	13566
10×10^3	310.9	55.5407	1384.0	2677.1	12931
12×10^3	324.5	70.3075	1463.4	2631.2	11677
14×10^3	336.5	87.3020	1567.9	2583.2	10434
16×10^3	347.2	107.8010	1615.8	2531.1	9154
18×10^3	356.9	134.4813	1699.8	2466.0	7661
20×10^3	365.6	176.5961	1817.8	2364.2	5449

八、某些液体的热导率

液体		温度 $t/°C$	导热率 k /[W/(m·°C)]	液体		温度 $t/°C$	导热率 k /[W/(m·°C)]
乙酸	100%	20	0.171	煤油		20	0.149
	50%	20	0.35			75	0.14
丙酮		30	0.177	盐酸	12.50%	32	0.52
		75	0.164		25%	32	0.48
丙烯醇		25~30	0.18		28%	3228	0.44
氨		25~30	0.5	水银	28	20	0.36
氨水溶液		20	0.45	甲醇	10%		0.215
		60	0.5		80%		0.267
正戊醇		30	0.163		60%		0.329
		100	0.154		40%		0.405
异戊醇		30	0.152		20%		0.492
		75	0.151		100%	50	0.197
氯苯		10	0.144	苯胺		0~20	0.173
三氯甲烷		30	0.138	苯		30	0.159
乙酸乙酯		20	0.175			60	0.151
乙醇	100%	20	0.182	正丁醇		30	0.168
	80%	20	0.237			75	0.164
	60%	20	0.305	异丁醇		10	0.157
	40%	20	0.388	氯化钙盐水	30%	32	0.55
	20%	20	0.486		15%	30	0.59
	100%	50	0.151	二硫化碳		30	0.161
乙苯		30	0.149			75	0.152
		60	0.142	四氯化碳		0	0.185
乙醚		30	0.138			68	0.163
		75	0.135	氯甲烷		-15	0.192
汽油		30	0.135			30	0.154
三元醇	100%	20	0.284	硝基苯		30	0.164
	80%	20	0.327			100	0.152
	60%	20	0.381	硝基甲苯		30	0.216
	40%	20	0.448			60	0.208
	20%	20	0.481	正辛烷		60	0.14
	100%	100	0.284			0	0.138~0.156
正庚烷		30	0.140	石油		20	0.180
		60	0.137	蓖麻油		0	0.173
正己烷		30	0.138	橄榄油		20	0.168
						100	0.164
		60	0.135	正戊烷		30	0.135
正庚醇		30	0.163			75	0.128
		75	0.157	氯化钾	15%	32	0.58
正己醇		30	0.164		30%	32	0.56
		75	0.156	硫酸	90%	30	0.36

液体		温度 t/°C	导热率 k /[W/(m·°C)]	液体		温度 t/°C	导热率 k /[W/(m·°C)]
氢氧化钾	21%	32	0.58		60%	30	0.43
	42%	32	0.5		30%	30	0.52
硫酸钾	10%	32	0.6	二氯化硫		15	0.22
正丙醇		30	0.171			30	0.192
		75	0.164	甲苯		75	0.149
异丙醇		30	0.157			15	0.145
		60	0.155	松节油		20	0.128
氯化钠盐水	25%	30	0.57	二甲苯	邻位	20	0.155
	12.50%	30	0.59		对位		0.155

九、某些气体或蒸气的热导率

物质	温度/°C	导热率 /[W/(m·°C)]	物质	温度/°C	导热率 /[W/(m·°C)]
丙酮	0	0.0098	氯	0	0.0074
	46	0.0128	三氯甲烷	0	0.0066
	100	0.0171		46	0.008
	184	0.0254		100	0.0100
空气	0	0.0242		184	0.0133
	100	0.0317	硫化氢	0	0.0132
	200	0.0391	水银	200	0.0341
	300	0.0459	甲烷	-100	0.0173
氨	-60	0.0164		-50	0.0251
	0	0.0222		0	0.0302
	50	0.0272		50	0.0372
	100	0.032	甲醇	0	0.0144
二氧化碳	-50	0.0118		100	0.0222
	0	0.0147	氯甲烷	0	0.0067
	100	0.0230		46	0.0085
	200	0.0313		100	0.0109
	300	0.0396		212	0.0164
二硫化物	0	0.0069	乙烷	-70	0.0114
	-73	0.0073		-34	0.0149
一氧化碳	-189	0.0071		0	0.0183
	-179	0.0080		100	0.0303
	-60	0.0234	乙醇	20	0.0154
				100	0.0215
四氯化碳	46	0.0071	乙醚	0	0.0133
	100	0.0090		46	0.0171
	184	0.01112		100	0.0227

续表

物质	温度/°C	导热率/[W/(m·°C)]	物质	温度/°C	导热率/[W/(m·°C)]
苯	0	0.009	氢	50	0.0199
	46	0.0126		100	0.0223
	100	0.0178		300	0.0308
	184	0.0263	氮	-100	0.0164
	212	0.0305		0	0.0242
正丁烷	0	0.0135		50	0.0277
	100	0.0234		100	0.0312
异丁烷	0	0.0138	氧	-100	0.0164
	100	0.0241		-50	0.0206
	184	0.0327		0	0.0246
	212	0.0362		50	0.0284
乙烯	-71	0.0111		100	0.0321
	0	0.0175	丙烷	0	0.0151
	50	0.0267		100	0.0261
	100	0.0279	二氧化硫	0	0.0087
正庚烷	200	0.0194		100	0.0119
	100	0.0178	水蒸气	46	0.0208
正己烷	0	0.0125		100	0.0237
	20	0.0138		200	0.0324
氢	-100	0.0113		300	0.0429
	-50	0.0144		400	0.0545
	0	0.0173		500	0.0763

十、常用金属材料的热导率

导热率 k/[W/(m·°C)]	温度/°C				
	0	100	200	300	400
铝	227.95	227.95	227.95	227.95	227.95
铜	383.79	379.14	372.16	367.51	362.86
铁	73.27	67.45	61.64	54.66	48.85
铅	35.12	33.38	31.40	29.77	—
镁	172.12	167.47	162.82	158.17	—
镍	93.04	82.57	73.27	63.97	59.31
银	414.03	409.38	373.32	361.69	359.37
锌	112.81	109.90	105.83	401.18	93.04
碳钢	52.34	48.85	44.19	41.87	34.89
不锈钢	16.28	17.45	17.45	18.49	—

十一、常用非金属材料的热导率

材料	温度 $t/°C$	热导率 k /[W/(m·°C)]	材料	温度 $t/°C$	热导率 k /[W/(m·°C)]
软木	30	0.04303	泡沫熟料	—	0.04652
玻璃棉	—	0.03489~0.06978	木材（横向）		0.1396~0.1745
保温灰	—	0.06978	（纵向）	—	0.3838
锯屑	20	0.04652~0.05815	耐火砖	230	0.8723
棉花	100	0.06978		1200	1.6398
厚纸	20	0.01369~0.3489	混凝土	—	1.2793
玻璃	30	1.0932	绒毛毡		0.0465
	−20	0.7560	85%氧化镁粉	0~100	0.06978
搪瓷	—	0.8723~1.163	聚氯乙烯	—	0.1163~0.1745
云母	50	0.4303	酚醛加玻璃纤维		0.2593
泥土	20	0.6978~0.9304	酚醛加石棉纤维		0.2942
冰	0	2.326	聚酯加玻璃纤维		0.2594
软橡胶	—	0.1291~0.1593	聚碳酸酯		0.1907
硬橡胶	0	0.1500	聚苯乙烯泡沫	25	0.04187
聚四氟乙烯	—	0.2419		−150	0.001745
泡沫玻璃	−15	0.004885	聚乙烯	—	0.3291
	−80	0.003489	石墨	—	139.56

十二、常见流体的污垢热阻 R_s

流体	R_s/(m²·K/kW)	流体	R_s/(m²·K/kW)
水（>50 °C）		水蒸气	
蒸馏水	0.09	优质不含油	0.052
海水	0.09	劣质不含油	0.09
清净的河水	0.21	液体	
未处理的凉水塔用水	0.58	盐水	0.172
已处理的凉水塔用水	0.26	有机物	0.172
已处理的锅炉用水	0.26	熔盐	0.086
硬水、井水	0.58	植物油	0.52
气体		燃料油	0.172~0.52
空气	0.26~0.53	重油	0.86
溶剂蒸气	0.172	焦油	1.72

十三、管子规格

（1）低压流体输送用焊接钢管规格（GB3091—93，GB3092—93）

公称直径		外径	壁厚/mm		公称直径		外径	壁厚/mm	
DN/mm	DN/in	mm	普通管	加厚管	DN/mm	DN/in	mm	普通管	加厚管
6	1/8	10.0	2.00	2.50	40	$1\frac{1}{2}$	48.0	3.50	4.25
8	1/4	13.5	2.25	2.75	50	2	60.0	3.50	4.50
10	3/8	17.0	2.25	2.75	65	$2\frac{1}{2}$	75.5	3.75	4.50
15	1/2	21.3	2.75	3.25	80	3	88.5	4.00	4.75
20	3/4	26.8	2.75	3.50	100	4	114.0	4.00	5.00
25	1	33.5	2.25	4.00	125	5	140.0	4.50	5.50
32	$1\frac{1}{4}$	42.3	2.25	4.00	150	6	165.0	4.50	5.50

注：① 本标准适用于输送水、煤气、空气、油和取暖蒸汽等一般较低压力的流体；
　　② 表中的公称直径系近似内径的名义尺寸，不表示外径减去两个壁厚所得的内径；
　　③ 钢管分镀锌钢管（GB3091—93）和不镀锌钢管（GB3092—93），后者简称黑管。

（2）普通无缝钢管（GB8163—87）

① 热轧无缝钢管（摘录）

外径	壁厚/mm		外径	壁厚/mm		外径	壁厚/mm	
mm	从	到	mm	从	到	mm	从	到
32	2.5	8	76	3.0	19	219	6.0	50
38	2.5	8	89	3.5	(24)	273	6.5	50
42	2.5	10	108	4.0	28	325	7.5	75
45	2.5	10	114	4.0	28	377	9.0	75
50	2.5	10	127	4.0	30	426	9.0	75
57	3.0	13	133	4.0	32	450	9.0	75
60	3.0	14	140	4.5	36	530	9.0	75
63.5	3.0	14	159	4.5	36	630	9.0	(24)
68	3.0	16	168	5.0	(45)			

注：壁厚系列有 2.5，3，3.5，4，4.5，5，5.5，6，6.5，7，7.5，8，8.5，9，9.5，10，11，12，13，14，15，16，17，18，19，20（mm）等；表中括号内尺寸不推荐使用。

② 冷拔（冷轧）无缝钢管

冷拔无缝钢管质量好，可以得到小直径管，其外径可为 6~200 mm 壁厚，为 0.25~14 mm，其中最小壁厚及最大壁厚均随外径增大而增加，系列标准可参阅有关手册。

③ 热交换器用普通无缝钢管（摘自 GB9948—88）

外径/mm	壁厚/mm	外径/mm	壁厚/mm
19	2，2.5	57	4，5，6
25	2，2.5，3	89	6，8，10，12
38	3，3.5，4		